猛兽人生

孙来利 著

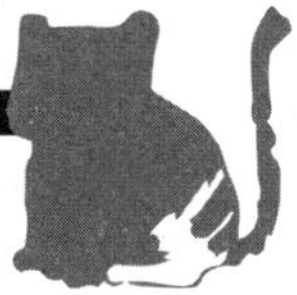

江苏凤凰文艺出版社
JIANGSU PHOENIX LITERATURE AND ART PUBLISHING

图书在版编目（CIP）数据

猛兽人生 / 孙来利著 . -- 南京 : 江苏凤凰文艺出版社 , 2021.1

ISBN 978-7-5594-5426-3

Ⅰ . ①猛… Ⅱ . ①孙… Ⅲ . ①成功心理 – 通俗读物

Ⅳ . ① B848.4-49

中国版本图书馆 CIP 数据核字 (2020) 第 227604 号

猛兽人生

孙来利 著

责任编辑 白 涵
策划编辑 罗 盛
特约编辑 连 慧
装帧设计 三形三色
责任印制 刘 巍
出版发行 江苏凤凰文艺出版社
南京市中央路 165号，邮编：210009
网 址 http://www.jswenyi.com
印 刷 河北照利印刷有限公司
开 本 880毫米 ×1230毫米 1/32
印 张 8
字 数 160千字
版 次 2021年 1月第 1版
印 次 2021年 1月第 1次印刷
书 号 ISBN 978-7-5594-5426-3
定 价 42.00元

江苏凤凰文艺版图书凡印刷、装订错误，可向出版社调换，联系电话 025-83280257

序言

不是比惨 而是抱团取暖

我很早就想写一本关于失败的书，酝酿了一年，终于写成了，就是这本《猛兽人生》。因为我从事医疗相关工作，见了太多不幸的人，相比于我们这些没病没灾的人来说，他们的不幸似乎更绝望。每当人生出现低谷的时候，我都会安慰自己：别灰心，比我不幸的人依然顽强，面对人生苦难，他们的笑容依旧灿烂。很多时候去看别人的故事，不是抱着幸灾乐祸的心情，也不是寻求优越感，而是我们的内心真的很冰冷，我们只想寻找火光来温暖自己，以让自己度过难熬的岁月。

一个男人对生活失去了信心，坐在天台上想了一天，最后还是毅然决然地跳了下去。心理医生悲哀地说道："如果能有一个朋友，在这一天之中打来电话安慰他一下，哪怕说说知心的话，也许他就不会自杀。"

有的时候不是因为生活太艰难让我们失去了活下去的勇气，而是在一些人生关头我们脆弱到无法控制自己。也许，那个困难的时间节点过去了就过去了。

生活没有我们想象的那么美好，但也绝对不会像我们想象的那么糟糕，我们的脆弱和坚强往往都超乎我们自己的想象。脆弱和坚强就一线之间，你帮自己，你就坚强，你放弃自己，你就无比脆弱。

2018 年我过得也很不顺。我拼尽全力贡献自己的能量，却发现所有付出都没有回报，马上奔四了，心里面很是凄凉，觉得这辈子看不到希望。但是和身边的朋友聊了聊后，发现生活本该如此，失败后每个人都会孤独，都曾怀疑过自己，否定过自己。了解这些，我反而心态轻松了好多。

时间再往前，好几次我在人生关口实在支撑不下去的时候，也庆幸有朋友伸出了温暖的手。没有多大的仪式感，也许仅仅只是一句话，一个电话，一篇文章，仅此而已，却让我撑过了我最脆弱的时光。所以希望我写的这本书，也能让在困难中的你找到一点依靠，你所遇到的残酷我们也曾遇到过，你所遭受的失败我们也遭受过，我们的孤独别无二致。但我们不低头，坚持战斗才能收获圆满的人生，我们都在努力。

放下心理负担，继续抬头前行吧。

坚持下去，乐观地坚持下去，咬牙坚持下去，如果实在太艰难，实在太孤独，找个知心的朋友聊聊天，喝喝酒，听听音乐，看看书，发泄发泄心中的负面情绪。你要相信，艰难的日子终究会过去的，美好的明天还在等待我们的到来。

伤口，痛一点就痛一点，但是终究会愈合的。困难的日子也是，难熬就咬牙熬一熬，好日子终究会来到的。

孙来利

2020 年 7 月

目录

有一种猛兽叫人生

失败只是一种人生经历

孤独你配吗

不放弃是对吃过的苦最起码的尊重

有一种猛兽叫人生

对付猛兽就要给它设置一道硬边界，让猛兽对你退避三舍。

有一种猛兽叫人生

一

在野蛮丛林中生存，你得学会防身，学会攀树，这些技能不是为了让你飞黄腾达，而是让你关键时刻不至于失去生命。原始环境中，生存最大的敌人是猛兽，猛兽粗鲁冷血，喜怒无常弱肉强食。在它们眼里，所有能吃的东西都叫作食物，它们不会理会猎物的哀号，不会怜悯弱小的悲鸣，唯一关心的只是自己的生存。涉及生存就意味着残酷，适者生存，优胜劣汰。

人生也是生态场，也遵循着冰冷的自然法则。有的时候文明社会也如血腥的丛林一般，遵循着优胜劣汰的游戏规则，活得好是奢望，活下去才是人生的常态。在社会丛林中生存，我们也得学习很多技能，如果没有这些生存技能，复杂的社会现实会让我们头破血流，狼狈不堪。

同学大头找我喝酒聊天，他叹着气向我抱怨道："生存太难了，我觉得我可能一辈子都会痛苦下去。"大头是我的初中同学，他读了一所一般的大学。大学毕业后，在社会上跌跌撞撞，吃了很多苦头，因为不善于表达，他做不了抛头露面的工作，而他的专业技术也一般，做不了难度太大的研发工作，所以多年来一直是个小职员，赚不了太多的钱。事业平平的他后来结婚了，日子过得捉襟见肘，媳妇天天和他吵架，每次接到媳妇的电话，他都焦虑不已。他说宁愿在马路上喂蚊子，也不愿意回家。

和大头一样，很多时候，我们的人生也是这样类似的轨迹。我们和一个身体孱弱、不会打猎、又不会造房子的原始人一样，在生存面前处处被动，活得狼狈不堪。在酷暑和严寒面前，我们也束手无策，无法左右自己的人生，人生对我们而言变得高度不可控。

人生能残酷到什么境地？很多时候，我们得相信，人生其实就是一头褪去了兽皮的猛兽，不管你承认还是不承认，事实确实如此。

其实我们都想错了一个问题，我们总以为这个世界所有的努力都是为了梦想，其实错了，我们所有的努力都是为了生存，而梦想是超出常人努力后的结果。若要生存得好，你至少得有能力和猛兽打成平手，而若要实现梦想，你得把猛兽打翻在地。

二

一只狼在捕食的时候，会挑拣那些老弱病残下手，因为容易得手。人生漫漫长途上，你得努力避免让自己成为那个容易被下手的对象。我 2007 年步入社会，第一年就遇到了数不清的骗子，还有比苍蝇还多的想把功成名就建立在牺牲我的利益之上的“进步人士”。也碰到了黑压压的能力水平和我一致，但是却觉得远超我千里之外的“半壶青年”。无论我怎么热爱这个世界，世界不热爱我也是白搭，在惨痛教训之中我终于学会了成长。

一个人不断努力强大自己，首要的不一定是为了让自己扬名，而是为了让坏人避而远之，让骗子无从下手。所以你得明白，你努力了不一定会成功，但是你不努力，就会很悲惨。

总有人牺牲，这是社会正常的新陈代谢，你不努力，你就有可能被代谢掉。所谓三分天注定，七分靠打拼，命运直接由你的七分努力决定，不努力，即使老天爷全力以赴帮了你，得了三分你也不及格。

我本身是学生物制药的，以前学生物的时候，很惊讶一个细胞竟能分裂成一个完整的人类。后来才知道，每个人都由基因支配，基因才是人类真正的主人。基因其实很自私，它从一开始就有使命，那就是让自己代代相传，并和更好的基因相遇，让遗传信息繁衍下去。所以你得理解为什么男人会喜欢漂亮的女生，女人会喜欢会赚钱的男人，因为他们都受控于基因。你不能责怪世界太现实，人性太丑陋，从自然的角度来说，这是生物本性使然。

一只鹿在饥饿的老虎眼里是食物，一个美女在基因的眼里是目标，一个优秀男人在基因的眼中是遗传信息传递下去的机会，这是同样的道理，并无道德层面的不妥。

所以，别试图通过滥竽充数来糊弄你的人生，因为你的基因根本不答应。以前看《肖申克的救赎》热血沸腾，觉得坚持加毅力就是崭新世界，后来步入社会，拥有了自己的人生轨迹，才发现并不是如此简单。如果男主角没有能力，不会理财，不懂银行知识，不深谙世界规则，不可能有后来的一切。人生有很多重维度，达成目标也不可能一蹴而就，而你只有变得强大，你的基因才会更加高兴。而在别的基因看来，你的强大很有魅力，很有诱惑，让他们春心荡漾、热血沸腾。

不要抱怨世界残酷，人生血腥，如果你不被世界待见，回头想想自己，是不是该加倍努力，以让自己强大起来？野兽随时欺负弱者，不挑时辰，不挑地点，不挑心情。当你强大了，野兽就不敢欺负你，即使肚子饿了，也是掉头撕咬其他弱小的。

有一个真理举世公认，那就是所有的歧视都不针对强者，因为强者有不被欺负的实力，也有不欺负别人的境界。

三

对付猛兽就要给它设置一道硬边界，让猛兽对你退避三舍。现代社会，你的能力给你修了一堵防盗墙，也相当于硬边界。有了这个硬边界，很多负面的事情就会离你远去，很多想把你当作食物的野兽也会悻悻而归。

有个调查发现，越是种姓低的人，对自己同种姓的人越坏，越想欺负他们。对于弱者，不光强者频繁来犯，就算是同为弱者，也想以此凸显自己的人生价值。回头去看自然世界，就会想明白，人虽然是高级动物，可骨子里尊崇着弱肉强食自然法则。

世界对弱者的评价高度一致，如果没有社会文明约束，弱者的命运会更加不堪。所以，弱者得想办法改变自己的命运。

人生其实很不可控，很多时候你没办法设计自己的路，改变人生其实并不容易。很多人会说，既然人生不可控，改变人生也很艰难，那么我还努力干什么，索性随波逐流就行了。

若想改变，得对成功重新定义。人生绕不过概率这两个字。你所有的努力其实是在提高你成功的概率，这个道理你一定得明白。一个百分百努力的人，有 90% 的成功概率。一个不努力的人，成功概率是 10%，那他十次尝试至少有九次是失败的，他的前途一片黑暗。

概率是无法通过肉眼看出来的，但是我们得知道，努力的背后存在着这么一个事实：每个人每一次的努力都有价值，都是在默默积攒获胜的砝码。很多创业者之所以能创业成功，也是同样的道理：第一年是 80% 的失败概率，总结教训提升自己后，第二年变成 60%，第三年 40%，第四年就是 20%。坚持最大的价值，就是蓄积势能，让你变得越来越能掌控自己的人生。

危机意识逼得我们不得不努力。危机意识是生存本能，这也由基因决定。

宏观的局势我们改变不了，唯一能做的就是在微观上日拱一卒，不断提升掌控命运的能力。努力壮大自己吧，大到可以制衡人生这只猛兽，让它匍匐于我们的脚下。

人生路上我们都曾跌跌撞撞四处逃亡

一

人生路上总有一段特别难熬的岁月，有的人咬牙熬到了春暖花开，有的人冻死在了冰天雪地。失败，是每个人成长过程中都无法回避一个的共同问题。失败形形色色，组成了我们的人生。

2008 年在上海宝钢医院做皮肤药的时候认识了一个朋友小赵，我们都做抗真菌药这一块。小赵那时有个感情很好的女朋友，他们一起住在虹口。小赵经常来我租住的地方找我玩，喝喝酒吹吹牛，每次酒没有喝到一半，他女朋友的电话就打来了，问他几点回去，别太晚了，所以小赵每次都是八点不到就走了。

2009 年我去惠氏工作后，因为工作比较忙，很少再和他联系。有一天，小赵突然打电话给我，想找我聊聊，喝喝酒叙叙旧。那个时候贫穷的我狭隘地认为一个长久没有联系的人突然找你，要么找你借钱，要么是生活上遇到了什么难处，需要帮忙。

可是，饭桌上他并没有提什么个人需求，只是一个劲地喝酒，一年多不见，他有点消瘦。2008 年那段时间他曾经猛胖过一段时间，刚来上海的他和女朋友感情很稳定，身处陌生城市，身边的恋人是唯一的依靠，他们抱团取暖。也许，没有危机感的男人一般不会太在意自己的形象吧。

而这次，他却消瘦得十分明显，语言也没有以前那么灵活了，他反复嘟囔着："你说做药赚钱吗？我做了这几年咋一分钱都没有赚到呢，真要命。"我笑着回复道："我也是个穷光蛋啊，哈哈，看上去像白领一样，实际上连养活自己都挺费劲。你挺好的，都有老婆了，我还要找女朋友呢。唉，穷的连找老婆的勇气都没有了。"

小赵没有接我的话茬，他猛喝完杯中的酒，叹了一口气说："兄弟，我分手了。她提的，我努力争取过半年，不好使。她适应这个城市很快，不再需要依靠我，我不想让她失望，只能让自己绝望了，希望她能找到自己理想的生活吧。"

我这才意识到这个失意的男人为什么会找我，无非就是想找个知根知底的熟人聊聊天，喝喝酒，发泄发泄内心的苦闷。我试图安慰他，而他只无力地举杯道："兄弟，陪我喝酒吧，我只想认认真真地醉一回，我喝醉了住你这吧。"

那晚，他抱着卫生间的马桶呕吐，一边呕吐一边看着手机，好像在寻找啥什么似的，划着划着忽然他抱着手机放声大哭起来："都这么晚了，也不叫我回家了，我死在外面都没有人管我了啊！"

我一下子呆住了，这是我第一次这么真切地看到一个男人不完整的爱情，我瞬间意识到，失恋虽然是割断两个人的联系，却也可能是割裂了一个人的全世界。

二

我还在大学生求职驿站的时候，和一个年纪比我大五岁的山东舍友一起去上海八万人体育场找工作，去了好几次，我还是没有成功地把自己推销出去。那个时候我大学毕业不到三个月，用人单位看我没有工作经验，不愿意聘用我。而山东舍友能力很强，待人接物都很得体，之所以没有顺利就业，有他自己的考虑。来上海前他做过市场总监，活得非常体面，后来创业赔了一大笔钱。来上海与其说是寻找梦想，倒不如说是为了躲债。他经常掰着手指头对我说道："这家公司前景挺好的，就是工资开得有点低，除去生活费，这些钱还不够我还债的呢。"其实在我看来，那家公司工资已经很高了。

挑挑拣拣中，一个多月过去了。

一次参加完招聘会，我们去吃东西，为了省钱省时间，就在地摊上买了两碗炒面，蹲在马路边边吃边聊天。谁知道刚吃几口一辆汽车疾驰而过，将马路上泥潭中的污水溅到了我们俩身上，吃了一半的炒面也被污水弄脏了。

我气愤地骂道："你大爷啊，这司机真没有素质。"

山东舍友却淡定地摇了摇头，仿佛在嘲笑自己。他继续端起泡沫塑料饭盒，夹起炒面，大口地咀嚼着。吃着吃着，我分明看到他的眼泪顺着眼眶流了出来，啪啪地滴在了饭盒里。那碗炒面他一口不落地吃完了，一根也没剩。当天山东舍友就找到了工作，搬出了求职驿站。

这是我第一次对失败有这么清醒的认识，其实每一个人都曾经对失败的自己无比失望，痛心疾首，都想要一个体面的人生。每一个人都在顽强地抗争。每一个努力生存的人都渴望抬头挺胸。

三

十多年前，一个同村的叔叔辍学后去南方打工，那个时候他家的经济状况很差，家里三个男孩，一个女孩。他家没钱让他读书，面对生存，他只有两个选项：要么种地，要么外出打工。

叔叔选择了第二项，但是对于他这种起点低的人来说，任何一个选择路都不会好走。叔叔说，刚出来打工的那几年很苦，找不到好的打工机会，社会治安也不太好，走到哪里都要小心又小心，一个细小的差池都可能造成巨大的生存压力。穷人面对挫折的风险抵御能力总是那么差，这就像战争期间的小国家一样，没有战略纵深，一旦发生战争，很快就面临着亡国的风险。

第一年辛辛苦苦打工，叔叔不仅没有赚到一分钱，还让家里倒贴了很多钱，他灰溜溜地回村了，那一年他过得很压抑，他说他躲在被窝里哭了好几场。第二年外出打工，努力了一年，终于学会了些社会技能，并适应了社会规则，遗憾的是这一年他仍然没有赚到钱。第三年，连交了两年学费的他忙活了一年，揣着2000多元回了村，心里很高兴，他终于不再像个小老鼠一样对这个社会胆怯了，他高兴地对家人说："以后不论去了哪一个城市，都能活下去了。"

第四年上半年叔叔交上了好运，跟着工头接了好几个小工程，按推算年底可收入上万元，他很开心，心想终于可以过一个踏实的年了，谁知道下半年工程出了问题，负责人害怕承担责任，卷款失踪，他那些账面上的积蓄瞬间被卷得一分也不剩。没有颜面回家过春节的他选择了和工友一起窝在宿舍，他也不知道明天会如何。

春节前夕，他和工友们攒钱去镇上买了些菜，准备过节，春节是中国人传统的团圆节日，即使身处他乡，仪式感终究还是要有的。那天从菜市场出来，坐上公交车回工地，车子路过一家音像店的时候，从音像店里传来了陈星的歌曲《离家的孩子》。

离家的孩子，流浪在外面
没有那好衣服，也没有好烟
好不容易找了份工作辛勤把活干
心里头淌着泪脸上流着汗

歌刚听了两句，叔叔头低了下去，假装系鞋带，其实他的泪水早就憋不住了，那年他刚满二十岁，是他第一次没有和父母一起过年，从不喝酒的他那一晚醉得一塌糊涂，不省人事。

《英雄本色》中的小马哥有一句很经典的话：我有我做人的原则，我不想一辈子被人踩在脚下。这句话年轻人很爱听，说得十分解气。但是要知道不想过被踩在脚下的人生，就要付出很大的代价。理想和现实差距很大，隔着无数条叫作失败的鸿沟。

人生更像是我们读书时代做的选择题，ABCD 中只有一个选项是对的，成功的概率只有四分之一，失败的可能性总是多于成功。

一个人走在路上的时候，最害怕的其实不是累，而是不知道前方的路究竟有多远。越往前走，背上的包袱越沉。走过了山山水水，经历过起起伏伏，我们才顿悟，有的时候不是痛苦少了，而是我们对痛苦的忍耐变强了。我们明白：面对失败，能用一个微笑解决，就坚决不会动用泪水，因为泪水只会让失败也显得不体面。

而失败，并不是一无是处。失败让我们学会敬畏。我们懂得了要珍惜爱情，因为好姑娘失去了，就再也遇不到了；事业失败了，我们懂得了敬畏事业，回想往事，但凡自己更加努力那么一点点，事业上也许早就更上一层楼；人生失败了，我们学会了敬畏生命，生命很短暂，生命也只有一次，不虚度每一秒是对此生最起码的尊重；梦想失败了，我们学会了敬畏梦想，梦想就像信仰一样，也许我们一辈子都无法实现它，但是又怎么样，我们从不放弃对它的追求，即使一辈子都追求不到它，它永远还在我们心中。

不要觉得孤独，撑过了最困难的日子，成功就会出现。一个人如果拥有强大的信念和不放弃的决心，什么苦难都无法击垮他。

人心不可考验

一

人心不是不可考验，而是很多时候考验的结果会让我们接受不了。

读过一个故事，一个人想考验自己在家人心中的位置，于是躲在床下，看看家人会不会因为找不到他而伤心。可让他非常失望的是，这一天根本没有人想起他，大家各忙各的，好像什么都没有发生一样。晚上这个人偷偷地从床底下爬出来，心情非常失落，原来他在大家的心中并没有多么重要。可是，也许情况并非如此，只是他把事情想复杂了。

之前看过个段子，一个女生想考验男朋友的忠诚，于是派闺蜜前往勾引，结果不久后男朋友和闺蜜幸福地生活在了一起。

很多时候，考验人心根本就是自寻烦恼，越多的考验，可能就会伴随产生越多的悲哀。

有一天朋友蚕豆找我喝酒，酒后他笑着跟我讲了一个故事：电影《江湖告急》《越光宝盒》里都有一个段子，是调侃关羽的。说当年关羽护送刘备两位老婆回军营，大半年的相处，嫂子对威猛的关羽产生了感情，关羽也能察觉，但是身份有别，所以一直隔着层纱。一次嫂子洗澡，故意用声音挑逗关羽，关羽也是很久没有接触女人，心痒难耐。于是隔着帐篷，偷偷观看，嫂子知道关羽在看她，故意大声说道："二哥，你在干吗？"关羽的脸一下子红了，以为嫂子在责怪他，于是正色说道："我在借着月光读《春秋》。"这事一些史书有记载，实际上是曹操为了考验关羽，故意只给他和嫂子一个帐篷，关羽为避嫌，于是月下读《春秋》。

蚕豆故事讲完，喝了一大口白酒，然后失落地说道："刘备命真好，身边的兄弟都能经受住考验，而我没有那么好命了。我女朋友和她同事相处久了，处出了感情，和我分手了。"

蚕豆是一个没有什么成绩的大龄青年，常年奔波在为事业打拼的路上，可惜的是因为才华有限，他和早期的刘备一样做不出什么像样的成绩，处处失败，人生很是惨淡。一门心思扑在事业上的他，能和爱人相伴的时间真的不多。蚕豆一直在心里默念：等有一天像刘备一样功成名就了，一定要好好陪伴自己的女朋友，是她的不离不弃才让自己坚持奋斗。而讽刺的是蚕豆永远也看不到那一天了。

小人物谈成长都绕不开刘备，因为刘备的一生实在太像生活中捉襟见肘的我们。他出身卑微，却梦想成为最有地位的男人，难度之大可想而知。为了这个目标，刘备不断努力，不断失败，明天在哪里他也不知道。对于一个落魄男人来说，麻烦很多，考验也多如牛毛，所以他这辈子数次落荒逃跑，他丢过媳妇，丢过儿子，丢过兄弟，所有的挫败他一样没有少。失败不光考验他的顽强，也是在考验身边人的忠诚。幸运的是刘备的兄弟关羽和张飞经得起考验，不离不弃忠心耿耿。

二

很多时候，我们看人生，不能带着太多不切实际的幻想。蚕豆那天喝醉了，哭着对我说："其实我一点也不恨我女朋友，我恨我自己。我评估过了，以我那时候的精神状态和经济条件，十个女生有十个都会选择离开我。生活看不到希望，我就喝闷酒，喝完酒就发脾气，我能展现给她的都是我的负面形象，试想一下，哪个女生会无条件包容我啊，要怪只能怪我自己不争气。"

蚕豆的话说出了很多人的无奈。

很多人喜欢《喜剧之王》，因为在这个电影中大家找到了心理安慰。我们都是小人物，也深知上帝给予我们的筹码极其有限。我们有远大的理想，也渴望一段美好的爱情。而突然有一天，真的来了一个姑娘，她明明知道我们连自己都养不好，更养不了她，还义无反顾，死心塌地跟我们在一起，你说这样的爱情你会不会动容。

可惜生活中这样的故事非常少。

蚕豆那天离开的时候跟我说："我一定要好好努力，把自己弄得像样一点，在自己变得优秀之前，我决定不谈恋爱。因为我知道考验来得凶险，结果也一目了然，我不能再掩耳盗铃自欺欺人。如果可以的话，我希望找一个没有那么多考验的爱情，我们有房有车，衣食无忧，唯一的考验只能是我爱不爱她，她爱不爱我。"

从生物进化的角度来看人性，我觉得刨除文明驯化的原因外，人的本性其实更接近于生物的本能，很多动机也趋于动物的原始性。看到好的东西都想得到，得到一个还想要第二个，对于利益的无限追求符合生存的需要。所以很多时候当你痛斥别人的时候，不要急于上升到道德高度来谴责对方，而是回头认真想一想，如果换作是我，此情此景，彼人彼事，我能经得住考验吗？如果你自己都觉得难，那就不要抱怨，因为你遇到的人和大部分正常人一样。

三

一位知名女星因为阴阳合同被处罚十几亿，消息刚爆出的时候，很多人担心她的爱情问题，那个时候她和一个男星感情稳定，但是正所谓水涨船高，即将接受重大考验的可不止女星一个人。不久后他们分手了。

从生物学角度来看，当一个重大考验来临的时候，出于动物的本能，人体会将更多的能量分配给身体，以方便逃跑或者搏斗，而留给大脑的能量会很少（这也是人在紧张愤怒的时候脑子不够用的原因）。而一旦大脑能量分配得少了，人就会变得缺乏理性了，看待爱人，理解爱情甚至理解世界都会发生形变。如果女星的男朋友还是按照原来节奏去爱她，或者没有做出与她心理预期一致的呼应，也会被解读为没有尽责，很容易引起情变。

很多人的感情失败往往是发生在遭受重大人生挫折之时，当事人在极端情况下心态失衡，将局面推向了他们臆想的那一面。

我想起了三国的一个故事，官渡之战打完后，曹操大获全胜，搜寻战利品的时候在袁绍军营搜到了很多信件，这些信件都是他部下的军官写给袁绍的，内容无非是祈求袁绍在曹操失败后给自己留条后路。曹操知道后，一把火烧了这些信。曹操召集军官，说道："今天的事情就当没有发生过，我理解你们的想法，其实当时我也不能确定自己能赢，何况是你们。换作是我，我也会写信。"

曹操有这样的胸襟，他能从人性的角度接受那些没有经受住考验的战友们，而很多时候我们却以弱者的心态拒绝任何的所谓"背叛"。

考验永远都是双向的，考验忠诚，也考验胸怀，所以当世界没有想象的那么好时，你得确定自己是不是有足够的胸怀包容这个不完美的世界，如果没有，千万不要自寻烦恼，千万千万。

走在自己的人生路上

一

无论怎么样，这辈子你都会拥有一条只属于自己的人生旅程。

2015 年 5 月 21 号，我去南京参加月会，临行前打电话给大学同学建兵，约他见上一面。自从 2009 年上海一别后我们已经六年没有再见面了，建兵听后也非常高兴，说开车去金陵饭店接我。

那天会议结束后，我在楼下等他，不一会儿一辆面包车停在了我的前方，一个有点秃顶的男人把脑袋从车窗里伸出来跟我打招呼。我以为他认错了人，直到那个男人大声喊我的名字，才反应过来眼前这个头顶金光闪闪的男人就是六年未见的大学同学建兵，我笑着飞奔上车和他紧紧地拥抱在了一起。

六年了，建兵变化很大，他愈发沧桑了，毛发也稀松了。车子往浦口开的路上，我望着车窗外高大的法国梧桐，想到了十二年前也就是2003年第一次踏上南京土地时的往事。我以为美好的人生在那一年已经开启，接下来一定都是欢快优美的交响曲，谁知道如今十二生肖都数过一圈了，我的人生还是震动模式。

我扭头问建兵："你知道我们进入大学的2003年是什么年？"

"鼠年。"

我说不对。

他说："那就是牛年。"

我说还不对。

他说："那该不会是虎年吧。"

我骂道："你要是不知道答案就赶紧问我，一个个猜下来有意思吗？"

建兵委屈地回道："我这不是看你问得一本正经的，怕扫你兴吗？其实你再给我十次八次机会，我肯定就猜中了。"

我说："就十二种动物，再给你十次机会傻子都知道答案了。那一年是羊年，今年也是，也就是说，我们认识已经十二年了。十二年了啊，时间过得太快了，我还是接受不了这个残酷的事实。"

岁月就像我们的软肋，只要想听一听我们的号叫，时光老人就会捏一捏它。

二

2003年，我考上了南京中医药大学。第一次出远门，我非常兴奋，心想终于可以坐火车了。我幻想的是坐在整洁的火车车厢里吃着瓜子，啃着苹果，听着轰隆的火车声，欣赏着沿途的美丽景色，一路南下，那是诗一般的意境，恰如我当时的心情，志得意满，意气风发。为了准备这次行程，我特意穿上了一身戎装和洁白的鞋子。

谁知道，那天我居然是冒着“枪林弹雨”从车窗爬上火车的。

当年那个绿皮火车，火车刚一靠站，人群就像蚂蚁一样围了过去。大家目标一致地往那道狭窄的小门挤去，完全不顾礼义廉耻，你薅着我的头发，我顶着你的屁股，你踹着我的腿，我踩着你的脚。眼看着人群实在太彪悍，根本挤不进去，我爸一把拉住我说：“来利，我扛着你，你从车窗里爬进去，你先走，别管我们。”姑父也含着泪水说：“来利，你先上吧，能上一个就是一个，要不然一个也走不成。”那架势完全跟送战友一模一样，仿佛生离死别即将到来。

正犹豫着，我爸已经把我扛过肩膀，像灌香肠一样把我往火车里塞，我只得扒着车窗，用尽全身力气挤进了车厢。不一会儿车厢就塞满了人，车厢内实在太拥挤了，连过道里也都是人，不到一平方米的地方七八个人在推来推去，活像打太极拳。

后来爸爸和姑父从车门上车后就一厘米一厘米地往我的位置挪，挪了接近三个小时，快到蚌埠的时候，才和我胜利会师。看着老爸和姑父洗桑拿一般的脸庞，我差点和他们抱头痛哭。我一直以为高考是人生最痛苦的体验，谁知道坐了绿皮火车之后，我才发现高考根本不算个事。

那一次的回忆都是噩梦，车厢十分吵闹，吵得耳朵都生疼。火车上一股屎尿的骚味，和农村土厕所的味道近似，还有臭袜子、臭汗的味道，又和农村腌咸菜的味道雷同。最要命的是，想上个厕所，简直比登天都难，从人海杀到厕所，没有在少林寺修炼了百八十年的功夫，根本不要动这个念头。那一路八个小时我差点被憋死，我严重怀疑，日后的便秘就是从那一次坐火车开始的。

我没有吃着瓜子，啃着苹果，听着火车的轰隆声，欣赏着沿途的美丽景色，而是挤在狭小的位置上，跟鹌鹑一样不能动弹。

三

2003 年发生的事情特别多，所以我对 2003 年记忆就特别深刻。就是在那一年我认识了来自四川的建兵，我们住在同一个宿舍，C20-2211。

那个时候来自全国各地的同学共住同一个屋檐下，大家身上带着各自不同的生活习惯，一起即将共同生活四年。建兵是我们班唯一的一名四川人，他不喜欢抱团，只按照自己的理解去过自己想过的生活，活得很有风格。他也是个有独立思想的人，不在乎别人对他如何解读，只要是他喜欢的就坚持下去，从不为难自己。

大学毕业后，建兵留在了南京，而我去了上海，一直保持着电话联系。和我一样，建兵也有着很多毛病和不足，也有着小市民的不开明和短视，我们都如小舢板一样在社会这个大海中飘摇，寻找各自的理想和前途，可是我们漂泊了很久还是没有找到。

上次见面还是2009年，在上海宝山，那个时候我没有女朋友，建兵也没有，弹指一挥间六年都过去了，建兵的性格也有了变化。以前的他很喜欢说话，记得有一次我们在黄浦江边，他愣是对着我讲了五六个小时。我向他抱怨生活压力的巨大，很累很辛苦，他听后很随性地回道："人活着就是为了自己，活着开心就好。上海不好你可以去别的地方，别的地方不好你可以回家，家里还有你的父母，不信父母养不了你。老是给自己设计今年要干什么，明年要干什么，累不累？"

那个时候没有思想压力的他很喜欢跟我讲大道理，这个个性随意乐观的四川人没有遇到我所遇到的生存问题，所以他体会不到我当时的心情，说话难免洒脱飘逸。

而如今的他变得沉默了，孤僻了。我说出了他的这个变化，他叹了一口气。他说他现在不怎么喜欢应酬了，巴不得世界越安静越好。他的交际圈开始变得保守，生活中那些知根知底的人渐渐地从他人生中脱落。一个行走在自己人生路上的男人，越来越不想被人关注，越来越不想被人记起，越来越不想让世界听到他的声音。

四

那天也是我和建兵女朋友第一次见面，建兵女朋友毕业于南京农业大学，和我一样都是属牛的，她和建兵是 2011 年通过漂流瓶认识的，而且那个漂流瓶还是建兵的一个同事的，可以说他们的相识还是非常特别的。

那天，她一上车就笑着跟我说道：“孙来利你好，建兵跟我多次提到你，说你是他大学时候的关系非常好的舍友，他说你今天要来，早早就通知我叫我早点下班。”

我笑着回答：“是的啊嫂子，建兵是大学毕业后和我一直保持联系的为数不多的大学同学之一，刚才我还跟他唠叨呢，说今天是我这个月最开心的一天，因为我们终于见面了呀。”

那天，饭桌上，我叫来一瓶白酒、两瓶啤酒。我举起白酒开玩笑道：“来来来，嫂子，我敬你们俩，到时候结婚了一定要叫我，高圆圆、伊能静、汪峰的婚礼我都可以不去，但是你俩的，就算天上下刀子我也要来的。”

她笑了，说：“你这话说得我很感动，但是我和建兵能不能走到最后还不一定呢，我尽量吧。”

我笑着回道："什么叫尽量，你俩在一起都这么多年了，感情这么深厚了，怎么还能打问号呢，我不允许你缺席！"

兵嫂叹了一口气，酝酿了好一会儿，才有点伤感地说道："唉，你跟建兵都这么熟了，我也不妨说实话。你有没有发现他特别没有闯劲，特别安于现状。做生意的不想着怎么扩大经营，总靠着那几个现有客户吃老本，那些老客户一个月能给你多少生意呢？这个事情我跟他说了无数次，他就是不听，反正我觉得他挺没有霸气的。"

其实，建兵女朋友不跟我提这个我也知道，建兵在跟我的电话中好多次跟我抱怨过，现在钱难赚，女朋友因为这个和他多次争吵。他焦虑的语气没有了当年在上海和我说话时候的洒脱，一个被生活蹂躏的男人，大抵都是这样的焦躁状态。

我很尴尬，看了建兵一眼，笑着说道："嫂子，这个事情建兵和我提起过。他也想多赚点钱，过上幸福的生活。你在他心中永远都是第一位的。可是他又担心步子迈得太大了，最后没有取得成功反而把你给失去了，客户找不到没有什么，但是爱人没了就永远没了啊。"

我说这话的时候不光帮建兵表了态，我也替天底下所有有责任感的男人表了态。

兵嫂笑了，她缓了缓继续说道："可是男人就应该往前冲啊，其实我们现在已经跌到人生的最谷底了，还能再失去什么呢？如果不拼什么都没有，连希望都没。再说了，我既然选择了他就已经做好所有心理打算了，即使他拼了失败了，我还是会支持他的。"

我点点头，她这番肺腑之言，能当着我这个外人说出来很不轻松，我更加坚信眼前的这个女人不容易，她也是一个被生活折磨的人。和建兵的选择不一样的是，她并不屈服，她想抗争，她不想接受这样的命运。

我拍着建兵的肩膀说道：“建兵啊，嫂子支持你大步往前走，你就闯一闯呗，即使失败了，还有嫂子站在你背后支持你，不离不弃，你明天即使再差也不会比今天差多少，马克思不也说无产阶级能失去的只有枷锁和贫穷。你说是不是？”

建兵没有说话，拿起啤酒继续跟我喝酒。

兵嫂看着建兵的举动笑了：“你看看他，每次跟他聊这些，他都是这个表情，哪怕你就是不认可，说出来吵吵也可以，反正我现在也是无语了。”

场面有点尴尬，我只得借着酒劲继续诚恳地替建兵代言道：“嫂子，建兵在跟我的电话中多次说过你愿意跟着他，他很感动，他心里记得你的所有的好。他是爱你的，为了你他愿意付出一切。他也有他的考虑，也许转变还需要一点时间。不过，你俩的感情一定要坚持下去的，毕竟易得无价宝，难得有情郎。”

建兵憨笑着附和道：“是啊，是啊。”

“在一个男人走向成熟的道路上，哪怕你给他那么一点点温暖都有可能改变他的世界。嫂子，你是一个善良的人，你一定会用你的支持温暖他的，建兵也一定会是你一辈子最合适的依靠的。你俩的喜酒我一定要喝，你一定不要放我鸽子啊，嫂子。”我再次真诚地对兵嫂说道。

五

“男人很多时候是非常孤独的。”这句话是2009年老周跟我说的，我当时没有明白这句话的意思，直到若干年后当我走进感情的深水区时，我才参透这句话的深意。

对于男人来说，苦撑也许很痛苦，但是尊严和脸面没有了会更加痛苦。所以有些话烂在肚子里也不能说。建兵肯定也希望自己的人生越来越辉煌，否则他不可能抛弃安逸的生活选择如今的闯荡，他苦苦挣扎，步履维艰。这个一直很稳健的四川人走了他人生中最凶险的一步棋，前途是什么，他根本不知道。他付出了个人目前最大的能量，但是能力不济，成绩非常惨淡。能力不足的建兵心里一定有着很多不能和女朋友诉说的话，而那些话也许牵涉到一个落魄男人最后的底线和尊严。这个曾经阳光的男孩如今变得像若干年前的我一般。

我也理解兵嫂，女人很缺乏安全感，所以才会分秒必争，在岁月和青春的维度她们抗跌性更差，选择弹性和迂回空间更小，所以对自己要求会更高，而她们的男人也处于她们的管辖范围，不可避免会提出更多的建议和设想，那么问题来了：一个想扬名而能力不济，一个寄予厚望却不断失望，怎么可能不爆发矛盾呢?

很多人感叹，为什么在男人追求功成名就的道路上，爱情总是牺牲品？

那天晚上建兵喝了不少，他要开车送我去地铁，我说算了建兵，你喝了酒，不要开车了，我自己走过去吧。建兵还多次挽留我，晚上一起住聊聊天，我还是拒绝了，这次南京之行我知道建兵有千言万语想单独和我说，而我还是让他失望了，我心里想着：兄弟，下次有的是机会，到时候我们好好聊一聊，深入地聊一聊，抱头痛哭也未尝不可。

临走的时候建兵问我："阿孙，你和你老婆婚礼什么时候办啊？"

我说等房子装修好吧。

他说："你们的房子什么时候装修好，我用车子带一些上好的植物送过去。"

我笑着回道，好了通知你。

那天晚上，从浦口坐地铁到南京火车站只需要三站路，我坐在车厢里，望着空荡荡的地铁车厢，我拍照发给孙鹿鹿：鹿鹿，让你见识下晚上 11 点南京的地铁是什么样子。

孙鹿鹿回复：你的小狗我帮你照顾，你还是明天回来吧。现在这么晚了都没有火车了。

我回复道：没有关系的，我有办法。

到了南京火车站，高铁票早已经卖光了，只有晚上 12 点的绿皮火车，想到绿皮火车，我的腿就发抖起来，十二年前的绿皮火车让我的人生观彻底改变，那八个小时痛苦煎熬深刻脑海，一生难忘。我的耳边响起了十二年前和列车长的一番对话。

“人生总是这么痛苦吗？还是只是坐绿皮火车的时候才是如此？”

列车长冷静地回答：“总是如此。”

而今看来，列车长的话无比正确。

六

和建兵一样，我也是一个资质平庸的男人，在残酷的人生路上我总是得走过比别人更多的弯路才能取得别人瞬间取得的成功，事业上跟头不断，爱情上也是举步维艰。这么多年风风雨雨一路走来，确实每一年都有那么多的痛苦，都有那么多的辛酸。在南京的四年，上海的四年，苏州的四年，到处都是不一样的挣扎记忆。走在一条满是荆棘的路上，我的脚满是鲜血，到如今已经老茧深厚，忍着剧痛行走，每一步都有回忆，因为每一步都有我留下的坐标。

其实我比建兵的境遇更差，自从第一段感情破裂后，我变得更加孤僻，开始有了社交恐惧症，经常一个人躲在没人注视的角落思考着自己的人生，听着大悲咒，喝着白酒，抹着眼泪。建兵的身上有我能看懂的东西，所以他不用多少话语我就能领悟到他的内心。

我并没有告诉建兵我身上的悲剧，所以他误以为我过得很幸福。我很想告诉他：兄弟，其实在我欢笑的背后也有着没有向你诉说的秘密，其实我现在恢复单身了，都一年多了。我和她不可能再有婚礼了，那所房子也不再属于我的了，所以你的植物我可能永远也收不到了。

我这么一个感情上失败的人还巴巴地给他们的感情上课呢，还劝人家外面世界风险很大，坚持下去就会幸福呢！当年我以为前任在离开我之后也会像我一样很难走出阴影，谁知道三个月不到人家找到了一个更好的归宿，过上了更加幸福的生活。因为这个事情，我成了这个世界最孤独的人，没有人理解我，没有人同情我，我再也找不到其他肯定的声音，我的世界似乎全部都是敌人。

其实和兵嫂所说的那番话，更像是我想对自己说的。

人生路上我看到了和建兵人生一样的风景，体会过相似的孤独心情。也许生活就如西游记一般，只有历经了九九八十一难才能取得真经，少一难都会被老龟掀翻在通天河里。这是命，也是人生必然的安排。

而人生路上总是充满痛苦，并不是仅仅失去爱情的时候才是如此，这是列车长的真理名言。

彩票店的故事

一

这个世界，霉运四处飘荡，总会有人碰上。

白云街的路口有一家福利彩票店，我偶尔会去那里逛一圈，买上十元钱的，权当是给自己枯燥的生活增加一点希望。福彩店的老板是个老头，瘦瘦黑黑的，长得有点像电影明星韩英杰。瘦老头面对陌生人话不多，每次最多的对白都是：“随机吗？打几倍？”

在一个地方待久了，总归会交到一两个朋友。来彩票店多了，我不光认识了彩票店老板“韩英杰”，还认识了一个姓祝的彩友，他在白云街上开了一家女式皮鞋专卖店，得知我是学医药的，于是问我：“我经常喝酒，最近感觉肝部不适，还犯恶心，该吃什么药啊？”我笑着回道：“多烯磷脂酰胆碱吧，可以保护肝脏细胞膜，防止酒精分解产生的过氧化物伤害肝脏。”祝老板听后就去医院配了好几盒。

有句话叫：病来如山倒，病去如抽丝。钉子户一般的疾病会慢慢地在身体里驻扎下来，瞅准时机变本加厉，一旦发现你不爱惜自己的身体，它就会先于你一步把它摧垮。

二

随着年龄的增长，故事也会增多。我相信来彩票店的人都有他们自己的故事。

彩票店老板“韩英杰”时间比较空闲，他会跟我讲起一些彩友的故事：店里经常来一个开着二手桑塔纳的男人，外面欠了很多钱，老婆都跟他离婚了，他每个礼拜至少买一千多的彩票，后来没钱还把二手桑塔纳抵押给了人家。还有一个男的也经常来，他老婆在街对角开足浴店，他负责看场子。晚上他们住在店二楼。那里面还有个暗门，暗门里面有张床。还有一个，是放高利贷的，不差钱，长得肥头大耳的像头猪，他每天都来彩票店晃晃，就是为了打发时间，他有个情人据说是越西一所大学的女大学生。不过前段时间这个胖子在宾馆被人捅了几刀，是欠债的被逼急了鱼死网破……

彩票老板知道的故事很多，我想如果把他彩票店的场景换成《深夜食堂》，那这里的故事最起码也可以拍好几十集电视剧。想起了祝老板，他斯斯文文，谈吐也不凡，看起来和那些人都不一样，于是问道："祝老板怎么样？"

"这个人啊，唉，也不是个省油的灯。他老家安徽的，来这边差不多七八年了，前几年生意做得挺大，蛮有钱，在木渎那边买了好几套房子，儿子女儿也在那边读书。不过这几年他不行了，主要是他自己不正经。和老婆离婚了，算是净身出户吧，房子家产都给了老婆孩子，他就留下了一个门店，和一些钱。没有多久他娶了个小的，那个女的不是个过日子的女人，以前穿睡衣来我店里买过彩票，讲话经常爆粗口，还抽烟吐痰，言谈举止不像正经人家。果然没有多久这个女人就卷走他所有的钱，跟着一个狐朋狗友跑了，祝老板大病一场，人也差点被气死。现在他欠了一屁股债，吃饭都是酱油拌饭，不好意思问亲戚朋友借，只能寄希望于买彩票中大奖。"

有句话说，很多买彩票的人都是对生活失去了信心的人，这话形容祝老板一点也不假。

"可是，彩票哪有那么好中的？我都开了十多年彩票店了，我还不买呢！老子才不上当。"彩票店老板骂骂咧咧地说道。

三

也许来彩票店的人在生活中都是不幸的，才会有那么多悲哀的故事。

"祝老板这个人以前和他前妻在一起的时候生活很规律，烟酒不沾，从不熬夜。不过和小老婆在一起后他就不行了，天天烟酒不离身，晚上还去 KTV 蹦迪，还去白云街路口那家保健店买伟哥，那里的药全部都是假冒伪劣产品。那个不要脸的女人把他给带坏了。”

“他前妻呢，还在苏州吗？”我问道。

“在呢，带着孩子在木渎。”韩英杰认真地说道。“祝老板这三年来，借了很多钱，想准备东山再起，可是现在生意不好做，钱不好赚啊。再加上被骗的倾家荡产，他经常喝酒，每天都醉醺醺的，前段时间醉酒还吐了好大一摊血，可怜啊，一个人吐完了血一个人打车去医院挂点滴。”

听完这个故事，我立马觉得心情不好了。生活就是战场，为谁而战，就会得到相应的馈赠。祝老板曾经有着圆满生活，却不懂得珍惜，非要去追求新鲜的人生，最终下场如此凄凉，我不知道他身在乡下的妻女是不是对他还恨之入骨。

也许第二段感情深深伤害了这个为之付出一切的男人，才导致了他如今的一蹶不振。他借酒浇愁，用酒精麻醉自己痛苦的神经，看不到生活希望的他购买大量彩票，期待奇迹能够出现，以改变他失败不堪的命运。

酒精可以麻醉一个人的神经，让人暂时忘记痛苦，但是一旦清醒，痛苦反而会加倍。喝酒并不能让人生越来越好，只会让人生越来越差，因为酒精和肝脏是一对天然的敌人，当为了取悦神经，牺牲了肝脏，肝脏不可避免会闹情绪，会发脾气。

四

2016 年 8 月份因为工作需要我去了上海，2018 年 6 月我回到了苏州，再次路过那家彩票店，彩票店老板看到我出现，悄声告诉我："祝老板得了肝癌，时日不多。"

我被惊呆了，肝癌这个病我并不陌生，做慢乙肝药物的时候见过很多，于是追问道："什么时候的事情啊？"

"就前些日子，也是偶然才发现的。他经常配保肝药和肝病科医生熟悉了，人家打电话给他，说他的检查发现点问题，叫他过去做个 CT 核实下。祝老板没当回事，拖了几天才去做检查，谁知道拿到片子一看，右肝叶好大一块黑色的阴影，报告单上清清楚楚地写着肝癌，晚期……"

这个抛弃妻子儿女的男人，先是被再婚妻子抛弃，还卷走了他所有的钱财，让他彻底成了一无所有的"负翁"。如今，借酒浇愁的他反而因为过量饮酒而被判上了死刑，我相信他拿到报告的那一刻一定流了不少悔恨的泪水。

这样一个自作自受的人，等待他的也许只能是在孤独中慢慢死亡。

"他现在还来买彩票吗？"我问道。

"不买了，中了也没有命花，中了一千万也没有意思啊。"彩票老板轻描淡写地说道。

“也是。”我摇了摇头，对于一个掌握不了自己生死的人来说，世界越精彩，他反而越悲哀，这是毫无疑问的。

“那他现在在哪里，门店还在吗？”

“门店早转了。他呀，现在在木渎乡下，他前妻知道他的情况后，把他接回了乡下，现在他们住在了一起。”

我一下子被感动了。

“谁会和一个要死的人较劲呢？”彩票老板叹着气补充道。

鸡蛋上跳舞

一

生存就像在鸡蛋上跳舞，每一秒都是心惊肉跳。

“去年我去了一趟非洲，在那里待了近两年。”霍梢坐在我的对面，一字一句地跟我说着非洲大草原的故事，语气仿佛赵忠祥老师一般。“非洲是个很现实的自然世界，需求越多在那里死得越快。比如你去摘水果，可能会被狒狒或者猎豹攻击。找个草坪休息，有可能被狮子或者鬣狗追击。你侵犯了他们的领地，就得付出代价。”

我一边认真听着他的话，一边怀疑他精神是不是有点不正常，因为根据我的信息显示，他从来没有去过非洲，也根本没有爬到过树上摘过水果，更没有在狮子的草坪上休息过。他去年一直都待在深圳，在一家生物科技公司卖检验试剂。

霍梢是我 2008 年在上海静安区认识的一个同行，他个子 180 厘米，狮子座，长相帅气，性格时而冷峻，时而活泼。2012 年他离开上海去了深圳，进了一家生物科技公司做销售，为了他的理想开始了拼搏。

二

霍梢去的这家公司叫 AMC。

入职第一天，同事们自我介绍，轮到一个叫马阿娇的小姑娘的时候，一脸笑容的她含情脉脉地说道：“据说在山东，一头驴被杀死后，驴肉做了火烧，驴皮会被制成阿胶。霍梢你好，我叫马阿娇，你也可以叫我阿胶，我是济南人。真的太有缘分了，今天阿胶和火烧见面了。我妈还说我一副驴脾气，以后嫁人都难，哈哈哈，这次遇上驴肉，看来不愁了。”

同事们哈哈大笑，霍梢也笑了，他望着眼前这个个子不高，长得有点像蒋雯丽的女孩。她的眼神中没有对前途的迷茫，却传递着一浪高过一浪的波涛，他不禁心跳加速起来。当得知马阿娇学的是新闻专业之后，霍梢更是惊讶，一个学新闻的美女居然走上了销售的道路，说明现在的就业岗位是多么紧张啊。

缘分是一种很玄的东西，没有人能够描绘出它的具体形状。每个人都希望自己的人生能够与众不同，也希望自己的爱情能够独一无二。对于霍梢来说，急于通过奋斗来改变命运的他，一门心思想着去搞好事业，没承想刚进入新的平台，就遇到了别样的心动女孩。

经理安排霍梢跟着一名叫郝蕾的女同事学习，但是工作上有问题的时候霍梢还是更喜欢向马阿娇请教，渐渐地他们就混熟了。一次团队聚餐结束后，霍梢和马阿娇肩并肩地往地铁站走，夜晚的深圳散发着大都市的繁华气息，劳累了一天的人们似乎还没有从工作中抽身出来，到处都是为了前程而加班的人们。

霍梢扭头问马阿娇："你一个学新闻的干吗来做销售啊，多可惜。"

马阿娇笑了笑，没有回答，而是反问道："你呢？干吗来AMC。"

霍梢叹了一口气，回道："曾经喜欢过一个姑娘，跟她表白过，可是被她拒绝了，因为她想在这个城市落户，而我暂时做不到，所以就想离开换个环境。"

"你干吗跟我说这个？"马阿娇笑了。

"那我们聊点别的。"霍梢尴尬地低下了头，"你，以后会留在深圳吗？"

"不会。我对这座城市没有太深的感情，我还会回山东，早晚的事情。"

"也好。回家挺安逸的。"

"是啊，能过人过的日子，我干吗要做机器。"

"做机器？"霍梢不解。

"对，机器。"马阿娇一脸严肃地回答，答案似乎不容置疑。

霍梢摊手："好吧，你说是机器就是机器。不过说不定我可以跟你一起回去。"

马阿娇羞涩地撩了撩头发，回道："说不定真的可以的。"她把手搭在霍梢的肩上，收住笑容严肃地说道："不过霍梢，你不应该来 AMC 的，这家公司没有你想象中那么简单，很多事情复杂到超出你的理解，在这里你得不到你要的前途。"

"这里宛如非洲草原，生存环境复杂多变。生存资源的竞争已经到了白热化的地步，我们都是驴子，努力地寻找野草果腹，但是一不小心就走进了羚羊、狮子、鬣狗的领地，接下来就是无休止的斗争。在这里，为了生存，我们得随时随地迎接挑战，随时都有可能摔跤，倒下。"马阿娇望着瞪大着眼睛的霍梢一字一句地说道。

三

说到这里，霍梢叹了一口气，对我说道："马阿娇说得对，我真的遇上了。"

原来他在工作中发现他辖区一家销量百万的市场在实地考察后真实销量居然是零。他很费解，找团队同事沟通此事，可是每一个人对此都讳莫如深。他去找马阿娇，马阿娇听完后笑了笑："别瞎折腾了，那些人信不过你，不会跟你说半点秘密。就像《驴得水》演的那样，其实每一个知情人都知道吕得水这个人不存在，但是没有一个人敢说真话，因为这涉及很多人的利益。你要是敢揭开这个盖子，你的下场也会十分悲惨。你现在唯一能做的就是配合他们演戏。”

《驴得水》是 2014 年上映的一部电影，讲述了一个荒诞的故事：一群教师为了维护学校的利益，共同守护着一个谎言，千方百计避免这个谎言被戳破，最后发生了一系列的悲剧。

霍梢听后很不理解，愤怒地说道：“难道就这样稀里糊涂地演戏？”

马阿娇摇了摇头，回道：“这公司里面有很多内幕，你还不清楚，等你清楚了游戏规则之后，也许你就想通了。电影《寒战》中有一句很经典的话：每一个机构，每一个部门，每一个岗位，都有自己的游戏规则。不管明也好，暗也好，第一步，学会它。而 AMC 的游戏规则并不在明处，而是在暗处。”马阿娇的话霍梢似乎懂了。

郝蕾突然宣布辞职了。辞职前她发了一封邮件给 AMC 最高领导史蒂夫，并将邮件抄送给公司所有部门的同事，邮件内容直指公司商务总监刘雨莺勾结经销商王妈，在区域内搞虚假销量，将本来实际只有 3000 万的销量，虚构成了一个多亿，而其余的 7000 多万货都被王妈领导的经销商窜货到了其他省市。郝蕾在邮件中明确地指出了哪些医院的销量作假，并指出商务部这么做对公司的发展造成了极大的危害：虚假销量是由 AMC 经销商一手操控，经销商借此完全掌控了AMC销售的主动权，销售员无人敢对抗经销商的无理要求，因为稍有不从，经销商就会对销售员展开报复，让销售员完不成指标。

公司高层收到郝蕾的邮件后十分震怒，将商务总监刘雨莺开除，并通过商务部施压，撤换了经销商领导王妈的职务。郝蕾的邮件引起了不小的风波，她的举动也让一直饱受欺压的销售部一片欢腾。

霍梢一直以为郝蕾是个逆来顺受的人，没想到她居然有那么大的魄力，在这个无人敢说真话的公司里，她以牺牲自己职业前途为代价，换来了销售人员的尊严。

郝蕾离职那天，霍梢和马阿娇为她送行。敬酒的时候，霍梢真诚地说道："郝蕾，我真的很佩服你，你就像那个敢说皇帝没穿衣服的诚实小男孩，第一个站出来指出AMC商务部没穿内裤，这个公司只有你敢说真话。"

郝蕾笑了笑，回复道："其实我早就想掀桌子了，经销商那帮女人做事情也太没有底线了，把我们欺负惨了。但凡她们有那么一点余地，我就睁一只眼闭一只眼算了。毕竟在深圳我也要生存，我也有很大的生存压力，我要完成指标拿奖金还房贷还车贷。在AMC公司这三年来，我就像在鸡蛋上跳舞一样，经销商我不敢得罪，客户我也不敢得罪，受了委屈回到公司还被刘雨莺骂得狗血喷头，我真的好累啊。现在好了，我解脱了，我以后再也不会去AMC这种假大空的公司上班了。我决定好好找一份简单一点的工作，至少每个人都摘下面具坦荡做人！"

马阿娇笑了笑：“郝蕾，你只是搬开了AMC的一块大石头而已，还有一座巨山在后面呢。这个公司环境复杂多变，在演戏的岂止商务部，销售部的领导也在睁一只眼闭一只眼和稀泥。据我了解，公司的最高层史蒂夫才是幕后的最大黑手，商务部很可能只是一枚棋子。”

霍梢似乎听明白马阿娇话中的意思。对于一个制度健全的公司来说，游戏规则早已经制定好，每一个环节都只是各司其职，如果制度不变，接下来的游戏肯定该怎么玩还是怎么玩。

他们的预测不久后得到了印证，刘雨莺走后，新上任的商务部领导黄天涛虽然低调了很多，但是关于假销量的事情还是没有解决。经销商也只是象征性人员变动，深圳AMC的销量泡沫还是没有挤掉。而假销量不解决，霍梢等销售员就会再次受制于经销商，这意味着，他们的尊严还是被经销商踩在脚下，他们的命运还是掌握在造假者的手里。霍梢开始相信马阿娇的判断：虚假销量肯定牵涉了更高一层领导的利益。

霍梢想到了另外一个故事：古代有位将军带兵出征塞外，结果一个敌人都没有见到。回师路上，将军担心会被皇帝惩罚，于是计上心头。他带领士兵将一个镇子的无辜村民全部杀光，将首级砍下，冒充敌人。皇帝看到如此多的头颅，龙颜大悦，一下子封赏了一百多位士兵，加官晋爵，从此以后这一百多名既得利益者决口不提那次作恶之事，但凡有人想掀开这个盖子，他们都会抱团将这个试图说真话的人弄死。

四

类似的故事还有很多。一家医疗器械公司的大中华区总经理和董事会签订了《对赌协议》，赌在他领导下的中国市场连续三年每年销量增长50%以上，并且北上广深等大城市市场份额增长不低于20%，赢了的话他将有一笔巨大的金钱奖励，输了他只能拿到基础工资。为了完成《对赌协议》，总经理开始了大跃进式的销售策略，指标激进且不切实际，并公然带领嫡系高层造假。这可苦了他下面的基层员工们，为了达成指标，全国各地销售也大举作假，他们联合经销商进行串货——上海的货串到了新疆，北京的货串到了云南，整个公司的销售渠道完全乱了套。而总经理睁一只眼闭一只眼，只等着熬过三年对赌期。三年期限终于到了，这个总经理因为业绩出色拿到了一大笔奖励离开了，留下了一个“空前繁荣的公司”。而事实却是公司早已经被搞得乌烟瘴气，好不容易搭建的销售渠道被破坏殆尽，经销商手中的货足够全国消化两年。

如果让一个骗子来领导一个公司，只能养成一个骗子公司。对此霍梢表示深刻赞同。

霍梢和马阿娇走得越来越近，因为谈话比较交心，并不像其他人那样防着彼此，而若即若离的关系让他们介于恋人和同事之间，这种朦胧的感觉很棒。在霍梢看来，马阿娇这个姑娘很不简单，她对现实看得很真切，但她并不慌张，这个聪明的姑娘很淡定地对待着一切，仿佛 AMC 发生的任何事情都和她没有关系一般，她只是一个旁观者。

这点让霍梢佩服不已。

马阿娇家庭情况很好，但是她很少跟别人透露她的家庭情况，她只告诉霍梢她父母都是商人，来 AMC 公司上班其实就是磨炼生活，她没有生存压力，也不在乎奖金晋升，当然就不会受到经销商太多的挟制，这一点上，她比郝蕾压力小了太多。

越想在 AMC 公司升职加薪，有所发展，越是会被经销商牢牢卡住脖子。经销商会引诱 AMC 公司的销售们破坏 AMC 公司利益，而一旦破坏公司纪律被公司发现，公司又会假模假样地对员工进行惩罚。可是如果不听从经销商的支配，AMC 销售就永远达不成销售指标。在一条无法左右自己命运的道路上，“郝蕾们”的命运十分难堪。

面对复杂的生存环境，有的人选择顽强抗争，有的人选择逆来顺受。而更多的人在这场游戏中选择了做内鬼，包括霍梢的领导曹宝。曹宝维护自己的利益的同时，也对经销商抛媚眼，献殷勤，只为了每个季度能够从经销商那里多分得一些虚假销量。曹宝的生存智慧就是臣服于规则，不对抗规则。在他看来是非并不重要，生存才是第一位的。

来到 AMC 公司一年后，霍梢看到的都是一张张为了生存而扭曲的脸，每个人都在觊觎一些肮脏的收益，而真正脚踏实地的人少之又少。霍梢对公司彻底失望了，他以为躲避了一个不想面对的世界就会迎来一个全新美好的世界，而他迎来的却是如非洲大草原般的野蛮世界。在霍梢看来，他们都是野生动物，狮子、斑马、羚羊、鬣狗，等等。为了一口吃的，争来斗去，只要能够得到食物，一切的手段都是被允许和称赞的。

“也许，唯一可以称得上异类的人就只有马阿娇一个了。”霍梢叹气道。

五

不过，相处久了，霍梢发现马阿娇的行为也很诡异。他发现，马阿娇的身上至少有两台微型摄影机，三只录音笔，而这些电子工具根本就不是销售人员应该携带的，这些装备是间谍才有的。无论是地区经理会议，还是经销商会议，还是拜访客户，马阿娇的装备都会运作，马阿娇的伪装很好，就像她在认真工作一样。其实在霍梢看来，这一切都只是表面现象，只有走近她的人才能察觉。

一次，霍梢单独请马阿娇吃饭，饭桌上，他决定捅破那层窗户纸。他看着马阿娇那双漂亮的眼睛问道：“你是不是想曝光这家公司？”

马阿娇假装没有听懂，扑闪着大眼睛无辜地问道：“你说什么，曝光公司？”

“你的包里有录音笔，还有微缩摄影机，你一直在偷偷地记录这个公司发生的一切，如果我没有猜错的话，你是出于爱好想记录自己生活的点滴，但是如果我猜错的话，你就是一个卧底记者，你卧底公司想曝光公司内幕。”

马阿娇笑了，笑得很大声，似乎在掩饰内心的紧张。笑完之后她平静地说道：“霍梢，我一直不排斥你的走近，我以为你对我有好感，想跟我在一起，没想到你居然跟我说这些，还给我盖了这么大一顶帽子。我决定从明天起收回对你的好感，以防止你对我进行进一步的造谣和污蔑。”

霍梢无奈地笑了：“不可否认我是喜欢你，就如和你第一次见面你说得那样，我们天生一对。如果我冒犯了你，今天的事情你当作没发生过，我也会严格保密。不过，如果你需要的话，也许我可以帮你做点什么。”

马阿娇摆摆手回道：“不用，你离我远一点就行。你这个人最大的优点是不坏，但是最大的缺点也是太善良。你和我不一样，我这个人最大的优点是职业，最大的缺点就是为了职业我会不顾一切。也许，有一天我会砸了你的饭碗，也许，我们那时会成为敌人。”

霍梢笑了笑：“我最大的志向是做个作家，找到一个无人的地方写我想写的东西，干干净净清清白白。只是我没有这个决心，也许你砸下去的那一天，可以帮到我实现这个心愿。我相信我的故事中一定有你……就像我希望我的人生中有你一样。”

在一个多层利益交织的生态环境中，每个人都有自己的利益诉求，很多时候是相向而行，更多时候却是背道而驰。霍梢说：“如果给我一个没有附加条件的人生，我愿意和马阿娇共度，因为这个姑娘很特别，她有她的理想，她和我一样，都不想成为行尸走肉。”

他们都有驴脾气，都比较犟。

六

2016 年，全国各大新闻平台突然播报了一条爆炸性新闻，掀起了医疗行业的地震。某女记者卧底美资医疗公司一年多，通过大量的视频和内部资料曝光了这个行业的黑幕，涉及高层人员的行贿受贿，虚开增值税发票，扰乱市场经济秩序等行为。

而所有的矛头都指向了 AMC。

公司被工商部门查封，高层被控制，销售队伍也全部被解散。一场大地震在医疗行业开始了，接着很多相关医疗公司相继被工商部门查封。毫无疑问，这一切是马阿娇干的，这个女孩子根本就不是销售人员，而是一名卧底新闻记者。和郝蕾的举报信不一样，郝蕾的反抗属于内部曝光，问题暴露在一个封闭的环境之中，不会牵扯到公司之外的势力以及司法机关。而马阿娇的曝光直接把 AMC 的底裤掀翻在大众面前，而且曝光的内容牵扯到很多法律问题。在国家整治医疗产品价格虚高，切实维护患者利益的背景下，马阿娇的曝光无疑掀起了巨大声浪。

霍梢也因为虚开增值税发票，被公安机关行政拘留一个月，他和他的很多同事都成了服刑人员。

从派出所出来后，霍梢决定离开深圳，去云南，他也许死心了。走之前，他约我喝酒，当半瓶白酒下肚后，他跟我说出了文章一开头的那句话：“我去年去了一趟非洲，在那里待了近两年。非洲是个很现实的自然世界，需求越多死得越快，越有想法在那里越是短命。”

霍梢一字一句讲着他的故事，而他的故事也让我觉得十分震撼——如果霍梢的精神没有问题的话，那么 AMC 公司实在让人觉得恐怖了。

“你后来找过马阿娇吗？”我问道。

“我出来当天她联系了我，请我吃了顿饭。”霍梢回道，“她跟我解释了很多，其实她心里是有愧疚的，没有曝光 AMC 之前她热血沸腾，但是后来新闻铺天盖地的时候，她还是有点害怕，毕竟好多人都是和她有过交集的同事，她彻夜睡不着觉，觉得自己很虚伪。”

马阿娇向霍梢解释了她的真实身份：父亲是刑警，母亲是大学老师，她大学学的是新闻。她深受著名战地记者罗伯特·卡帕的启发：如果你的照片拍得不够好，说明你离战场还不够近。所以她很想近距离去搞一些劲爆的题材。2014 年那段时间很多外资药企出现虚开增值税发票变相行贿的问题，所以她想医疗行业也有这样的问题吧，于是打通关系来到了 AMC。刚进 AMC 感觉这是一家很“高大上”的公司，她有点失望，谁知道深入了解一段时间之后，才发现这个公司混乱不堪，到处都是丑陋的暗中交易和为了生存而扭曲的灵魂。她原本以为在这家公司只有她一个人在演戏，后来才发现，每一个人都是影帝。

“霍梢，其实我挺喜欢你的，因为你和他们不一样，你有理想，有信念，可是这个世界就是这样，每个人都有信念，都有理想，可有的信念理想却是那么的冲突。我越努力，你们就越倒霉，就像AMC 经销商越努力，AMC 销售人员越倒霉，AMC 的商务越努力，这个公司就越混乱一样。很多事情没有必然的因果，也没办法界定具体的好坏。我们只是追寻自己想要的生活，但是活着活着我们就成了敌人。”

马阿娇后来回了济南，重新做回了她的新闻行业。

曾经，霍梢发誓他一定要混出个名堂，在陆家嘴买套 60 平方米的房子，可是他现在觉得一切都没有了意义。到了 AMC 以后，本来想好好工作的他，差点收获了爱情，谁知道真相却是做了别人的掩护，结局也是阿胶永远就是阿胶，火烧还是火烧，他们即使结合，也合不成一头活蹦乱跳的毛驴。

马阿娇走之前给霍梢留了一封信：其实，我对你心动过，就像唐僧当年在女儿国那样。我们身不由己，但是终究有过印记，感谢一年来的陪伴。相忘于江湖吧，但愿下一个战场，我们能够用爱情固有的方式出场，并且完美谢幕。当年大学毕业的时候，我按照自己的专业选择了职业，我从来没有想到原来很多的职业一开始就带有原罪。有的时候生存的那条弦一旦绷得太紧，很多的美好都变得血腥了，我是《国产凌凌漆》里的李香琴，你是阿漆，我一辈子都记得我们共有的一年经历。保重身体霍梢。

江湖重新恢复了安静，而鸡蛋上跳舞的传说却一直没有湮灭。

七

生存故事似乎还没有完全画上句号，不久又传来一个劲爆消息，而这个消息更加让人意想不到。

AMC 销售部大区经理汤晨被公安机关逮捕了，经过 DNA 比对确定他是名在逃杀人犯。原来，十八年前在甘肃一个县城，一名十七岁少年强奸杀人后被通缉，后来那名少年自首后被执行枪决。不过十年后有人举报当年那个死刑犯是冒名顶罪，真正杀人的是他的孪生兄弟，即读书成绩差的弟弟替成绩好的哥哥挨了枪子。当警方再去追捕的时候，发现人早已经跑了，这些年这个杀人强奸犯一直隐姓埋名，四处躲藏。而因为这次马阿娇的曝光，民警对汤晨抽血检验的时候让他露出了马脚，系统显示他就是当年的杀人犯。一个人再怎么改头换面，也无法更改他血液中 DNA 的型号。

汤晨得到了迟到的惩罚。

在罪恶中游泳的人，必将在悲哀中沉没。一个人犯下了罪行，可能逃得过别人的眼睛，躲得过一时追捕，却无法一辈子躲避公正的审判。汤晨这个演了那么多年戏的老狐狸还是逃脱不了法网，他踩碎了脚下的鸡蛋，摔倒在泥泞中，并且摔得四仰八叉。

自强的逻辑

一

欧洲曾经有一个断案方法使用了上千年，那就是司法决斗。遇到一些证据不足，案情重大的官司，法官可以让原告被告进行持械搏斗，胜利的一方赢得官司，而失败的一方会被杀死，即使不被杀死，也会被判有罪，接受法律的惩罚。你看，一个弱者在那个时代的欧洲不光会失去尊严，还会失去全社会的支持，十分悲惨。

小时候我们村子有个小霸王，叫于波。于波人高马大，缺少教养，经常欺负我们。同龄人中很多人都被他打过，每个人被打之后，都会臣服在他的麾下，然后在他的带领下去干一些偷鸡摸狗的坏事，谁不干拳脚伺候。我们去拔过黄豆，偷过花生，摸过西瓜，把老太婆的鸡打死做成了叫花鸡，还去邻居家偷过钱，总之因为干坏事，我们没少被家长教训，也没少被村里人咒骂。家长叫我们不要和于波一起玩，但是没有用，于波会在我们放学路上拦着我们，被拦了几次后，我们只得又跟着他去干坏事。

后来我们长大了，力气大了，思想也进步了，我们也尝试摆脱于波的控制。几次反抗之后，于波有心无力，渐渐拿我们没有办法，我们离他也越来越远。而那些没有进步的小伙伴很多下场不太好，有的还因为参与赌博、盗窃、打架被派出所处理，人生变得更加糟糕。

生活的残酷就在于当一个弱者出现的时候，自然世界往往会调动资源使弱者的生存处境更加艰难，更加悲惨，直至走向灭亡，被淘汰。一条鱼儿突然晕倒浮出水面，迎来的一定不是抢救和安慰，而是很多拿着渔网渔叉的渔民，很多时候生存真相虽然很残酷，但是我们不得不接受。

你得成长，你得变得更强，唯有如此，才能真正掌握自己的命运。

二

记得我高三的时候遍寻学习的方法，看了很多讲座，也试了很多学霸偏方，还是不得要领。我依然在学渣的道路上一路狂奔，不断超车。后来偶然看到科比的故事，这个经常见到凌晨四点洛杉矶的球星用他的顽强意志激励到了我，他每天投篮一千次，即使没有比赛也会模拟比赛进行练习。他说：“不管你训练有多刻苦，我都会比你训练得更加刻苦。”

突然明白，进步其实没有什么技巧和神功，最大的方法就是刻意反复练习，直到把相应的身体器官锻炼出记忆为止。从那以后我就坚定了一个笨办法：反复练习，坚持不懈。无论看书学习，还是跑步打拳击，皆是如此。大剂量高强度的练习真的很有效果，虽然没有让我的人生大放异彩，但是至少让我摆脱了孱弱的自己，变得更加有未来。

很多人对待进步的态度像练习武术，总是在功力不够深厚的时候追求套路。很多人连力量都没有，基本功也没有训练扎实，就开始幻想降龙十八掌和九阴白骨爪，结果往往都失败了。进步其实就像投篮，就像打沙袋，每天投篮一千次，每天打一千拳，坚持下去从不懈怠，一段时间过去了即使你不会什么招式，你的拳头一样可以将大部分人打趴下。

我很喜欢用生物学的角度观察这个世界，因为那样才可以看到最根本的哲理。人体是由几亿个细胞组成的，细胞又组成了不同的部位和器官。所谓的锻炼就是将这些细胞训练起来，高效地完成某个部位的使命。锻炼手，就相当于驯化手的细胞，使之调度整齐，充满战斗力。锻炼脚细胞、脑细胞，也是如此。人体就是一个亿万细胞组成的大学校，当每一个细胞都被训练强大的时候，作为整体的你也就强大了。

所以你该怎么做？你得扎扎实实把基础工作做好，让你全身的每一个细胞都能够独当一面。

三

人的强大其实就是两个阶段，第一步是“造车”，第二步是做一个好的赛车手。

“造车”，就是把自己各个部件都打造得更加高端，更加有战斗力。如提升发动机水平，打造一个好的驱动和轮子，增加内饰配置，等等。所有的努力都是为了让车子的性能变得更加优越，这样性能优越的车子不仅能适应平坦的环境，还能适应山地等复杂环境。造车是一项非常艰巨的工程，任何一项技术的累积都是需要千百次的反复训练，而所有的打磨都是为了让每一个元器件都能发挥巨大作用。

拥有了一辆好车不一定会得冠军，关键要看赛车手的水平和素质。很多人之所以被叫书呆子，就是因为他这辆车子虽然被打造得不错，但是适应不了社会复杂多变的环境，一到烂泥地就熄火，根本无法在比赛中取得成绩。

曾经在工作中接触过一个同事，他毕业于“211”大学，综合能力很出色，尤其是计算机和外语这一块很突出。但是在工作上就是水平很一般，连和客户正常的交流都有点吃力，他的所学不能很好地应用于工作，这辆车虽然很豪华，但是无法取得相匹配的成绩。不久之后他就离职了。走的时候主管叹气说道：“一辆保时捷开进了沙漠里，太可惜了。”

一个好的赛车手不光能够保养自己的车子，还得知道什么是自己擅长的领地，否则即使性能卓越，一旦选错了舞台，也不会有多大成绩。

优秀的赛车手得有一个好的心态和一个长远的战略计划，更要有顽强的毅力和聪明的大脑，这样我们的人生才能迎来真正的强大。

战战兢兢如履薄冰

一

成年后的我们褪去了年少轻狂，平添了稳重沧桑，想给自己来一点激励，却发现无法再热血地写下豪言壮语，也喊不出一句耳熟能详的鸡汤口号。岁月把我们改造得面目全非，以至于我们经常怀疑这样糟糕的人生是不是属于自己。这个时代节奏变化太快，让人缺乏安全感，拼尽全力的我们还是跟不上它的步伐，即使大步快跑也被压得无法呼吸。

小学同学元宝向我抱怨道：“读书时候只要学习好就行，长大后要应付那么多复杂的事情，太累，凄凉。”是啊，成年人的生活从来都是多线作战，而不可能再是单一战场；成年人的人生里出现的也不再是单一问题，而是两难问题和无解问题。

曾经的我们看不到生活的残酷，总幻想成年后可以征服一切，可以踏平一切山川江河。而翻过了崇山峻岭，斩断了无数荆棘，燃尽了青春，才发现我们连征服自己的人生都非常困难。而此时那个曾经无忧无虑的少年，那股初生牛犊不怕虎的狠劲，都在岁月的侵蚀下消失得无影无踪。

人生最令人纠结的是，你有了一定的社会阅历，也懂得了一些人情世故，越是长时间无法取得人生上的突围，越是对未来人生充满忧虑和彷徨。想实现年少时的梦想，却想到曾经付出那么多却还是原地踏步，顾虑重重，害怕再次重来还是空欢喜一场。而随着年纪的增大，经济压力的加大，你对生活的要求也有了新的变化，你不可能再像年轻时候那样轻装上阵，也无法抛弃一切去专做一件事情，你的主战场不再单一，当你腹背受敌，疲于应对的时候，你的活法和心态也不一样了。

饭碗竞争日益激烈，新生力量也像原始森林中的壮年猴子一样，随时准备扑向猴王将他撕成碎片。生存舞台正面临着下一浪愣头青的威胁，生存危机的警告灯也时刻闪烁，哇啦哇啦作响几乎震穿耳膜。

人生变成不上不下，这才是真正的尴尬。于是，十年前接触的词——战战兢兢、如履薄冰，就一下子从脑海之中冒了出来。我觉得这个词最符合此时的心境，也最能代表我们这一代人的心情。

战战兢兢、如履薄冰，难道不是吗？有了一定成绩的人怀着战战兢兢、如履薄冰的心情去还着房贷车贷，供养着一家老小。没有成绩的人就更加忐忑不安，要成家，要攒钱买房，要活出尊严，要职业升迁。每一步更艰难，每一步都是汗水泪水，哪一项都压得人喘不过气，缓不过神！

二

到了一定岁数，面临的都是现实问题，具体且琐碎，繁重且无法逃避。无论多苦多难，你都得自己扛着，即使哭泣也只能在夜深人静，那种孤独的心情相信正在经历的人才能体会。

前些年工作的时候，一天主管过来让我们募捐，说宁夏一个同事突然间猝死，留下一个破碎的家庭，两个老人，一个老婆，还有两个孩子，十分可怜。那名同事正值壮年，这正是一个男人奋斗的黄金年华，而他却因为过度劳累离开了他为之奋斗的世界。他的心脏停止跳动后，伤心欲绝的是他背后的亲人们。

但是谁能改变局面呢？

壮年的人担心赚不到足以应付生存的钱，所以拼命努力，拼命奔跑，身体和心脏都在超负荷工作。很多人通过努力达到了目标，而很多人即使将身体的发动机运转到了顶点，却依然无法改变悲苦的生活局面。

每一个努力改变命运的人，都有一段血泪的故事，在心里一遍一遍说给自己听，然后嚼碎了往自己肚子里咽。这就是生存，生存是有淘汰机制的，就像新陈代谢一样，生存没有情面可讲，它只有一种性格那就是残酷无情。

这个社会像我们一样没有成功的人还有很多，他们和我们一样孤独且瑟瑟发抖。励志和成功学书籍一直畅销不衰，换个角度来看，不恰恰说明失败的人还是很多吗？他们急于改变自己的命运，才会寻寻觅觅，狼吞虎咽。如果都成功了，都衣食无忧了，励志的书籍早就绝迹了，都成功了谁还需要你教啊？

咬牙死撑的队伍还很庞大，你和我并不孤单。

每一个人的人生都有这么一个战战兢兢，如履薄冰的过程——痛苦地活着，焦躁地期盼着寒冬能够早点过去，春天早点到来。坚持吧，你得熬过这个寒冬，你不要放弃自己的信念，也不要破罐子破摔，即使迷茫到来不知道该怎么前行，也要坚信你终究会摆脱贫穷、失败和颓废，活出一个体面的人生。你总有一天会成功，会将不体面踩在脚下，你在抗争的道路上磨炼出了好心态，面对人生的凄风凄雨，你变得宠辱不惊。

糊涂的幸福

一

二十多岁正值繁衍高峰，可是就是在这么一个大好年华，“90”后小伙子小吴却因为一场交通事故失去了一颗宝贵的睾丸。

那天，他开着哈雷摩托车在路上飞驰，超车的时候和一辆卡车发生刮擦，车子以200迈的速度冲向路边的小树。人送到医院的时候早已经血肉模糊。医生检查完后，发现他的下半身伤得非常严重，一颗睾丸居然不见了，于是赶紧通知家属，连夜去车祸现场寻找，不过找了一夜也没有找到，谁也不知道另外一颗睾丸跑哪里去了。痊愈后，小吴就成了只有一颗睾丸的男人。

有一个笑话，四个男孩子在一起聊天，突然有一个男孩子认真地问道：“你们说，这个世界上有没有长着两颗睾丸的男人啊？”此话一出，谈话立刻陷入沉默。待那个问话的男孩子离开后，其余三个男孩子交头接耳道："哎，我们要不要告诉这个傻孩子真相呢？万一他知道实情后，人生观，世界观发生恶化了怎么办？"

这是一个笑话，但是当真实的不幸发生在现实中时，当事人的生理，心理还是会发生重大的变化的。

二

车祸前，小吴有一个处了两年多的女朋友，女朋友家境和他家一样殷实，也在吴江开了公司，算是门当户对。如果没有这次变故的话，他们就准备下半年领取结婚证。而车祸发生后，女方家的意思是再拖拖，等小吴身体养好了再订婚。私下里女方家担心男方的生育问题，还怕影响夫妻生活。

小吴养伤的这段日子里，两个年轻人的感情也走到了尽头。仿佛受到了很大委屈一般，小吴抱怨女方对他歧视和嫌弃，让他的自尊心受到了严重挑战，他愤而提出分手，一段本来完美的感情也就这么结束了。

分手后，小吴也试图交往新的女朋友，但是他总觉得有一双歧视的眼睛摆在他的面前，让他十分难受。他变得越来越敏感，越来越神经质，这样的心态看什么都是变形的，带着这样的心态他不可能找到一份安宁的感情。

从 2014 年到 2017 年，小吴在感情上屡战屡败，他渐渐地失去了对爱情的信心。这让小吴父母很焦虑，小吴家祖上是做纺织的，是几家上市公司的控股股东，在苏州和上海也有几十套房子，非常富有。他们只有小吴这么一个儿子，现在儿子无后了，他们一夜之间愁白了头。门当户对的想法他们已经放弃，结合儿子的身体状况，他们认为唯一可行的办法就是放宽择偶条件，找一个平民女孩。只要女孩人品好，真心实意过日子就行。

他们发动身边的朋友物色佳人，每次都着重强调一点：不要把我们家的家庭情况告诉女孩，严格保密。之所以这么做，是担心女孩子并非看中他们儿子，而是看中他们家优越的条件，这样的话反而是害了儿子。真心，在爱情中很重要，这是小吴父母的初衷。

三

后来，小吴的主治医生帮忙介绍了一位女孩。女孩子比小吴小五岁，四川人，农村出身，在南昌读的大学，刚刚大学毕业。当主治医生把女孩子照片发给小吴父母的时候，小吴父母咧着嘴笑了，女孩长得太好看了。

小吴父母很开心，立刻就安排两个人见了一面。久未品尝爱情的小吴对质朴美丽的女孩很是喜欢，女孩待人接物都像阳光一般的温暖，让人很舒服，小吴紧张的情绪渐渐舒展开来。和之前与他相亲的女孩子不同，这个四川姑娘非常简单，非常单纯。她从不询问小吴的家庭经济情况，也不过问小吴对未来的打算，她只在乎小吴当下的心情如何。

人生的不顺，让小吴养成了自卑孤僻的性格，一件很小的事情也会激起他的敏感神经，如同一个没有安全感的丧家之犬，稍有风吹草动就会让他露出獠牙。小吴的平和心情都随着那颗丢失的睾丸而烟消云散。

从心理学上来说，一个自卑的人看到别人对他的反应的时候，脑子中早已经有了一个预先订好的悲观解读，所以对方做任何动作在他心里都已经失去了本意。自卑的人看似和别人在相处，其实是在和他自己对话。所以，抑郁、自卑的人无法通过外力彻底改变，能拯救他的只有他自己。

小吴和新女友的相处也有磕绊。可是，每当矛盾发生的时候，美丽女孩都没有针锋相对，也没有拂袖而去，而是静静地等待着小吴把戾气发泄完。女孩如沐春风般的笑容渐渐温暖了他的全世界，他不再像以前那样悲观地看待自己，心情也变得更好了。心情好了，看世界的视角就不一样了，看世界视角不一样，认知世界也就不一样了。一段时间后，小吴彻底爱上了女孩，离不开她了。

四

小吴坚信：这个如天使一般的美丽姑娘是真心爱我的，她不在乎我有没有钱，不在乎我身体有没有残疾，不在乎明天是不是有未来，只想一心一意地跟我在一起。

小吴的自信心被再次点燃。当一个男人自信满满的时候，失败就没有机会再出现了。小吴的脱胎换骨也让父母热泪盈眶，他们赶紧操办婚礼，让小吴步入了婚姻殿堂。

结婚那天，宾客满席，牵着美丽新娘手的小吴含泪地对新娘子说道："亲爱的，真心感谢你出现在我的世界里，没有你我的人生一片黑暗。有一个事情我隐瞒了你，希望你原谅。其实我们家很有钱，我知道你不在乎这些，但是我还是要跟你坦白，你跟着我以后我一定不会让你受一丝一毫的委屈，我的一切都是你的，我要让你成为世界上最幸福的女人。"

新娘热泪盈眶，深深地拥抱了新郎。他们拥抱了很久很久，还是舍不得分开。

在小吴的心里，他认为在他人生的最谷底，遇到了一段纯真的不物质的爱情，这辈子死而无憾。

五

小吴的主治医生也是我的客户，这个故事是他告诉我的，听完故事我伸出大拇指："黄老师，你太厉害了，有眼光，会看人。"

主治医生淡定地摆了摆手道："哎，那个女孩子是我远房的亲戚，只是大家平常没有联系而已。我在介绍男孩子的时候就跟她说明了一切，我说这个垂头丧气的男孩子，虽然看上去像个普通青年，其实家里很有钱的，你就不要问人家有车吗？有房吗？一个月工资多少？你只管跟人家好好相处就行，该主动承担恋爱责任就主动承担起来。你放心，他的睾丸没事，能生娃。所以那个女孩子后来就什么都没问，就只管着谈恋爱了，她早就想嫁到苏州了，心急如焚啊。”

我摸着脑瓜子仿佛被击了一棍，半天没缓过神来，套路啊。

六

伍迪·艾伦在《中央公园西路》中写道：每个人都有不可告人的秘密，有自己的渴望、欲求，以及难以启齿的需要。所以，日子要过下去，人就要学会宽容。

是啊，学会宽容，学会糊涂。对于生活中的我们来说，很多时候把生活看得太清，要求太苛刻反而让我们失去了快乐。快乐是朦胧的产物，越朦胧，人生越快乐。

这世界，很多时候心灵受到困扰，原因大都是自找的，想想张爱玲的话：生活是一袭华丽的袍子，里面长满了虱子。可不是吗，生活是不能细究的。乐观的人看清了生活的本质，心中想着华丽的袍子，活出了惊喜；悲观的人看透了人生，心中被虱子凌乱着，活得凄惨。

你干吗去揭开那些让你烦恼的盖头来，去把这个无聊的世界看得那么真切，看得那么明白呢？稀里糊涂反而能够过好一生，什么事情都看透了也恰恰就是不幸人生的开始。

如果这个世界很难被感动，你只需要做到感动自己就行了，当你自己被感动了，你的世界也就被感动了。至于世界真的令不令人感动，反正那和你无关。就像小吴的睾丸和爱情一样，难道不是吗？

江西菜馆

坚强的人才能够救赎自己。

我以前很喜欢去长春新苑附近的江西菜馆喝酒，那家餐馆老板烧出的菜很合我的胃口。但是第六次搬家后，我就很少去那里了。在我的认知世界里，江西菜是很辣的，那种辣和四川的辣、湖南的辣都不一样，四川和湖南的辣即使再辣也还是让人觉得辣椒不过是配角，而江西菜干辣干辣的让你瞬间忘掉吃的主菜是啥，只记得辣椒才是每道菜的主角。如今，人民只记得江西是个革命圣地，却忘记了江西菜才是中国最辣的菜系。

我相信来这家菜馆吃饭的人也一定也是这么想的，因为这家餐馆的生意总是好得很，它在用辣味无形中团结了一批爱辣之人。

每次来，我都是坐在餐馆最里面的单人桌上。点上一份井冈山豆皮，一份南昌米粉，还有半碗花生米，一瓶四特酒，昏暗灯光下，一碗又一碗，把自己弄得大醉。

餐馆的老板是个矮胖子，是脾气超好的那类人，好几次我都看到他被他媳妇当堂臭骂，像一只瑟瑟发抖的鹌鹑，可是他从不还口。他媳妇个子挺高，五官也很有棱角，看得出来，她年轻的时候一定也是个美人。评价一个女人是不是幸福，要看她跟她男人交流时候的态度，胖老板媳妇那自信高昂的头颅，以及演说家般的语速，让人一下子就判断出来她是一个长期被宠的女人。

有安全感的女人才不会精挑细选自己的用词，她只会随心所欲地表达。胖子老板好几次被她训得无话可说，他也不气恼，转身出门去和门口的外卖小哥聊起天。再次回到餐厅的时候，又屁颠屁颠地跟在媳妇后面帮忙，和客人算账，仿佛什么事情都没有发生一样。

我和胖子老板交流很少，我一直都是直奔主题的，那就是喝酒，喝到我忘记生活的痛苦为止。酒是人类的好朋友，可以带我去向另外一个世界，就像卖火柴小女孩在划亮火柴后看到的那个世界一样。刚开始胖子老板还热情地想跟我聊上几句，后来见我无心搭话，也就只是例行公事做他的生意，他很聪明地知道，眼前的年轻人并不打算和他有过多交集。

时间一天天过去，我成了店里的常客，但是我和店老板的关系还是没有任何进展。

有一次，我又喝醉了，头晕得实在厉害，买单的时候我的脸色十分难看。胖子老板笑着对我说："算了，你吃了那么多次，这次算我请你的。"

我勉强笑着看了看他，这个老板很会做生意，如果他不做江西菜，改做山东菜、淮扬菜、沙县小吃也一定会生意很好的。

我谢过老板后起身离开，准备回我的出租屋，胖子老板看出了我的不适，搀扶我出了店门，出门后，他拍了拍我的肩膀，温和地说道：“年轻人，如果你年纪轻轻就和酒精成为知己的话，你的人生会很悲哀。我觉得你一定是有些人或者有些事放不下，或者是你说服不了自己去接受生活的现状，才把自己弄得那么糟糕，对吗？”

我呆呆地看着他，没有说话。余世维曾经在演讲中提到，你要留心那些开会的时候默默待在椅子上，一言不发，用铅笔刀一刀一刀划破白纸的人，因为很可能他们会突然辞职，坚定而不可挽留。每一个人都有自己的身体语言，即使不说话，也一样能让人猜出来他内心在想什么。或许我的身体语言出卖了我，也许他在长期的观察我后，才这么自信地得出结论。

从我的理解看来，成年人的世界里有太多不如意，离开了酒就只剩下了痛苦，酒精成了我的朋友，我没有办法舍弃这唯一的朋友。

我回复道：“谢谢你，老板。”

“也有可能是我在瞎说，你也不要太在意。曾经我也遇到过一个像你这样的人，他孤独地躲在角落里喝酒，心事重重也一声不吭，后来我才知道，他感情失败了，心里很痛苦，他接受不了自己的失败，差点选择了自杀。”

我望着他，有点不敢相信他说的话。

“你相信我，这是真的。”矮胖子似乎看出了我的怀疑，很真诚地说道，“很多时候，当你觉得自己很可悲，很可怜，很无助的时候，其实你只是被自己给催眠了，越是纠缠下去，人生越难以回头，给父母打个电话吧，告诉他们他们日夜牵挂的儿子现在过得很好。”

他拍了拍我的肩膀。

你嘴上说毫无牵挂，其实你内心什么都没有放下。你疯狂折磨着自己的肉体，只不过是灵魂给了你太多的压力，你越急于去摆脱它，可是越是想忘记的，越是记在心里，越是想摆脱的，越是无法分离。

我突然想起来，我还有一双快速老化的父母，他们并不知道，在遥远的地方，他们的儿子每天都在处心积虑地折磨自己，用酒精伤害自己的身体。

“如果多一点时间，和父母说说话吧，即使吵架也可以。再不成器的孩子在父母眼里都是宝贝，这点毋庸置疑。”胖子老板走的时候语重心长地说道。

挺过了那段暗无天日的岁月后，我不再漂泊搬家，就没有再去过那个菜馆吃饭了。这么多年过去了，我很怀念，不知道，胖老板的生意现在怎么样了，辣椒还是那么辣吗？

失败只是一种人生经历

人生路上，努力生存的人都是在互相伤害，又互相成全。

失败只是一种人生经历

一

每个人都会经历失败。就算是比尔·盖茨，也曾经有过不成熟的摔倒。人没有可怕的失败，就不会有璀璨的人生。

当年刚出来做业务的时候，我负责的市场一地鸡毛，汇报完工作后我垂头丧气，感觉自己是天底下最没有用的人，我的经理笑着拍了拍我的肩膀，说道："孙来利，不要丧气啊。我像你这么大年纪的时候还不如你，当年我被客户赶出了办公室，像猴子一样被人当众围观，好惨的，哈哈哈。"

听完老板的话我的心一下子舒坦多了，这句话我一直都记在心中，这么多年也一直激励着我。其实，世界上最好的激励不是给对方描绘多么宏伟的前景，构建多么缜密的路程，你只需要在对方茫然无助的时候轻轻地告诉对方：别害怕，你的失败我也经历过，你不需要为此颓废，更不必怀疑自己否定自己。

失败更多时候是一面镜子，照出惊慌失措的我们，让我们的缺点和不足暴露于阳光之下，它像一个老师一样，提示着我们还得加倍努力提升自己，补足短板。失败不是耻辱，不是负担，不必要念念不忘刻于心上，失败也许就像我老板说的那样，确实没有必要为此丧气。

人生都是起起伏伏的，挫折也是必须经历的过程，失败没有什么特别含义，它只是一段经历，激励我们往后的人生。

二

失败会让人变得孤独，孤独最大的好处是让我们变得成熟，而它最大的坏处是让我们在怀疑中迷失了自我。很多人都曾望着镜子中与理想中格格不入的自己变得愈发敏感，多少个不安的夜里，反复询问自己：我的明天在哪里？

失败会催生很多负面情感，就像尸体一样，一旦腐败，会产生大量细菌和病毒，灾难也总是成双成对出现。所以失败发生的时候，一定要及时脱离那块土壤，因为一旦长期置身其中，你很可能就会噩梦不断。失败是一只欺软怕硬的猛兽，一旦发现你无法战胜它，就会变得愈发肆无忌惮，得寸进尺，人生之路只会变得更加曲折，更加悲惨。

把失败当作负担最容易出现在弗洛伊德的信徒脑海，他们对过去的失败无法释怀，一旦人生看不到希望，就会将原因归咎于若干年前的某个不幸，导致其一生都无法走出阴影，活不出一个充满希望的人生。而在强者的逻辑里，出路永远都是在脚下，背上没有任何过去的失败种子。人是善于进步的物种，只要愿意对抗就可以掌握自己的一切，过去的失败虽然会影响我们的人生，但是并不能摧毁一切。强者会淡化失败带来的挫折感，主动选择用积极的努力改变局面，强者总是不愿坐以待毙，更不会为自己失败寻找解释或者借口。

我的人生之路就是失败之路。但凡中国年轻人能碰到的失败，我一样也没有落下，2003 年高考填志愿失败，2014 年感情失败，2015 年炒股失败，2016 年职业失败，而时间到了 2017 年，不长记性的我再次投入股市，再次在资本市场一败涂地，整个 2018 年，我每天都在战战兢兢中度过。失败让我的世界变得一团糟，而因为情绪的恶化，我的第二段爱情也差点为此夭折。损失更大的还是我的精神，我对未来的斗志没有了，连最爱的写作也停滞了，自我否定随着失败的累积而愈发严重，自责与日增长，我彻底被自己打败了，变成了一个极度自卑、总觉得低人一等、戾气十足的人。

回首我的人生，大部分时间都在这种看不清，想不明，猜不透的朦胧之中低头前行，我一度认为自己这辈子再也没有机会翻身了。在我的面前只有两个选择，第一是咬牙挺住，淡化失败，继续昂头前行。第二种是怯懦退缩，找个安全的地方垂泪自怜，孤苦一生。

我选择了第二种，退缩逃避。我躲到一个没有人注意的地方，过起了平庸的生活。但是很遗憾的是，这种选择让我更加受伤，当一个人放弃了自己的时候，其实下场反而更加悲惨。

三

抗日战争时十分艰难。战士们都是在艰难的环境中咬牙生存。但是又能怎么样呢，你得咬牙抵抗，你不能投降，更不能因为失败多而放弃自己。

想想生活，不也是如此吗？当我们咬牙坚持，人生会在我们背后推我们前进一把，而当我们放弃努力了，人生会第一个朝我们放冷枪，让我们的处境变得更加糟糕。坚持有些时候就是给自己戴上了护身符，一个让我们的人生不再继续恶化的护身符。

我很认同鲁迅先生说的那句话——真的勇士，敢于直面惨淡的人生。而很多人，因为不敢面对惨淡的人生，要么选择学起了鸵鸟，停止前行，要么选择自暴自弃，闭目狂奔。

如果你把失败当作负担，人生会很悲惨，因为失败就像重担一样，让你一辈子都无法轻装上阵，你只能低头前行，看到不体面的自己。而如果你把失败仅仅当作一段经历，会活得很洒脱。经历而已，不用随身携带，只需从中吸取经验教训，继续挺直腰杆攀登，这样才能看见远处的大海和风帆。

每个人都是自己的上帝。如果你自己都放弃自己了，还有谁会救你？如果失败终究无法避免，也无法视而不见，那么就让我们学会和失败共存共生，并时刻鼓励自己：失败只是一种人生经历呀，它并不是负担！

不幸也许只是一种错觉

一

2015 年我从事医药销售工作，负责的市场是第四人民医院。医院不大，就几个科室——肝病科，肺病科，外科。治疗项目无一例外全是传染病，肺结核、艾滋病、乙肝、丙肝、梅毒等。

四院外科科室主任姓汪，是个湖北人。一天，汪主任打电话给我，想跟我好好交流一番。吃完饭后，我就来到了他的办公室。办公室并不大，里面还有一张办公桌，桌上有台黑色电脑。进门后汪主任给我递来一瓶依云矿泉水，然后说道："小孙啊，你写的都是温暖的故事，我呢，正好有一个，我想讲给你听，你判断一下有没有文学价值。"

我赶紧笑着对他说道："主任你说呢，我很喜欢听故事。"

二

“2009 年，我们科室收治了一个病人，是警察局局长，姓孙。他被检测出艾滋病，是我亲自开的化验单。你一定很纳闷，一个警察局长怎么会得艾滋病，是不是接触犯人多了也传染了恶习，吸毒嫖娼啥的？我跟你说，不是。他是被犯人传染的。所以说警察不是那么好当的，很危险。”

我点了点头，表示认同。

“孙局长一直在暗中调查一个贩毒团伙，收网阶段，他带领队伍冲进制毒窝点，毒贩头子是个练家子，趁乱翻墙跑了。他飞檐走壁，如履平地，咔咔咔三下两下就跑出去很远。孙局长一看这条大鱼要溜，赶紧追了过去。功夫很好的他很快就撵上了毒贩头子，没出几招就把毒贩头子制服了，给毒贩铐上了手铐。可是就在他搜身的时候，手突然被毒贩口袋内的东西扎流血了。拿出来一看，发现是个带针头的注射器，里面还残存着血液，很显然，这是毒贩头子吸毒用的。”

“艾滋病三大传播途径，其中有一个很致命的环节就是共用同一个注射针头，那里面有残存的血液啊。不久后，孙局长高烧不退到医院治疗，才知道当初他逮捕的那个毒贩有艾滋病，这次抓捕行动让他一不小心变成了艾滋病人。”

我叹了一口气，真的挺倒霉的，一个事业上冉冉升起的人民警察就这么被祸害了，实在可惜，不知道这个被艾滋病困扰的警察局长能否重新站起来，继续乐观地面对余下的人生。

三

“孙局长定期来我这接受治疗，监测体内病毒数量。他并没有把艾滋当回事，也许他早就把人生看开了。早年他破获了很多大案要案，年纪轻轻就被任命为局长，得病的时候，还不到四十岁。人呢，也是一表人才，如果不是因为这个事，他肯定有更大的作为。”

“本来，长期单身的他准备等贩毒案件侦破后好好考虑下自己的感情问题，谁知道因为艾滋一切都被打乱了，毕竟血液里有那么多高传染性的病毒，你说哪个正常姑娘会嫁给艾滋病人啊，他的生活还是被不可逆转地改变了。”

听到这里，我叹了一口气，想想有的时候人生也真是很微妙，也许就那么几分钟却能改变一个人的一辈子，几分钟能量之大，超过几十年的努力，我想很多人的一生中可能都有那么黑色的几分钟。

“如果故事就这么到此结束了，那么我也不会记忆那么深刻了。毕竟我从医二十多年，还治疗过很多从监狱送过来的艾滋病患者。那些人戴着手铐坐在我对面，两边站着五大三粗的狱警，这些犯人手里握着一个易拉罐冲过来就可能弄死我。我啊，是久经沙场的，所以我的心态很淡定。”汪主任的话提示我孙局长的故事还远远没有结束，后面的肯定更加精彩。

“就在孙局长被确诊的三年后，我又收治了一个病人，这个病人是名护士，也被感染了艾滋，姓蔡，二十三岁，毕业于一家名牌大学护理学院，毕业后分配到我们总院急诊科，人长得很漂亮，很踏实也特别能吃苦，一直被护理部当作护士长储备培养。”

警察被吸毒人员传染了这我还能理解，毕竟其工作性质复杂危险，而一个护士又怎么会被传染了呢？难道是被她男朋友传染的？

四

“她被传染源于一次紧急抢救，当时急诊科送来一名病人，是一名男性大学生，出了车祸失了很多血，蔡护士给大学生输液的时候，大学生一个抽搐，扎在他身上的头皮钢针一下子刺到了蔡护士的手上。当时情况比较紧急，蔡护士简单包扎了一下就继续工作了，事后也没有向护士长和医院感控科报告。谁知道，四个月后因为高烧不退前来我这里就医的时候，已经晚了，血检是艾滋病。后来通过血缘筛查，证明那个大学生是艾滋病患者，只是抢救的时候家属并没有提供这方面的信息。”汪主任叹了一口气。

我一边默默地听着，一边在想这个故事真的太震撼了，对于一个通过文字向读者讲故事的人来说，这个故事不仅新颖，而且结局让人充满期待，我急于知道这个故事最终的走向将会如何。

“也许越对生活充满渴望，一旦堕落，越会迅速地走向另一个极端。蔡护士被确诊后，一下子被击溃了，她拒绝接受治疗，不吃不喝，一心求死。现在的医疗环境，谁会容许一个有艾滋病的护士来照看自己呢？所以她的护士生涯彻底结束了。那个时候她有个即将谈婚论嫁的男友，是她大学同学，两个人感情一直很好，可是女孩得了艾滋后，他们的感情一下子变得微妙起来。”

“倒不是那个男孩子心肠坏，我估计是被压抑得太久想报复吧。听说之前男孩子找蔡护士的父母求过几次婚，女孩母亲一直不答应，还提了很多苛刻条件，房子、车子、彩礼什么的，可是男孩子根本做不到，婚事一直这么拖着，为此女孩和母亲吵了很多次，并没有什么作用。现在女孩感染了艾滋病，女孩母亲反而一下子着急了，她找到男孩对他松口说不要一分钱彩礼，只希望他们早点成亲。”

“可能是女孩母亲的态度变得太快了，让男孩很反感。他反而退却了，他倒不是针对爱人，而是对爱人的母亲实在太失望了——我之前求婚是出于真爱，你设置了那么多障碍，现在你女儿出事了，你突然巴不得我早点娶她，照顾她一辈子你好脱手。你越是这样想，我越是不成全你。男孩充满怨气，头也不回地离开了。蔡护士得了艾滋之后，事业人生都大变样，这让她一下子接受不了。一下子被全世界抛弃了，她失去了所有活下去的动力。你说，换作是你，你能不崩溃吗？”

“承受不了，绝对会崩溃，我对天发誓。”我点点头，十分严肃地回道。

“当时我是科室主任，我得做些建设性的工作，我找女孩聊了很多次，也跟她解释了现在医疗现状——艾滋病虽然无法根治，但是只要治疗得当，还是可以像正常人一样生活很多年。但是女孩心门已经关闭，根本听不进去我讲的任何话，一个月下来，她的病情急剧恶化，人也瘦成了皮包骨头，基本走到了死亡的边缘。”

五

“有一次，孙局长又来我这里开药，我把女护士小蔡的悲剧故事跟他说了，我说照着这个样子下去，女孩撑不到下个礼拜。孙局长听后产生了兴趣，说他想去看看这个女孩。我带他去了病房，他只看了女孩一眼就回头对我说：‘这个女孩我认识，我进去跟她聊两句。’我说：‘好啊，这些日子除了女孩父母同事之外，根本没有陌生人来看望她，你作为同病相怜的人，也许现身说法会激励她，让她重新唤起对明天的渴望，对未来的幻想。’”

“孙局长坐到女孩床边的时候，女孩根本没有抬眼看他。她已经很憔悴了，瘦削的脸上没有血色，绝望的情绪全部展露无遗，美丽的容颜也如大雨后的月季花一般，布满残败之相。”

“孙局长笑着对小蔡开口了：‘我记得你的，你叫蔡苗，去年十大杰出青年名单上我看到你的名字，真是巧哩，我也在名单上，不过更巧的是我跟你居然都变成了艾滋病病人，哈哈，你说咱俩这是不是缘分。’”

“‘我是三年前被查出来的，我当时抓捕毒犯的时候被嫌疑人的注射器针头扎伤，喏，你看，针头就是从我胳膊这个地方扎进去的，那个针头里面有血液残留，等我发现自己被感染时已经晚了。现在，我基本上每个星期都会来医院，哎呀，没想到，今天在这里遇到老朋友了。’孙局长哈哈大笑。”

“孙局长话说完的时候，女孩子终于抬起头，看了看眼前这个陌生人。人总会对和自己有共同命运的人有好感，我们明显感觉到小蔡护士紧张的情绪舒缓了一些。她勉强地笑着说道：‘你好。’语气中还满是虚弱。”

“谁知道最意想不到的一幕发生了，孙局长一把拉住蔡苗护士的手，深情地说道：‘刚才汪主任把你的事情都跟我说了，我觉得你拒绝接受治疗是对自己的放弃，人生还有很多美好的东西值得我们继续追求的呀！你看这样可以吗，我现在一直单身，挺想找个媳妇的。而我呢，很喜欢你……你呀，如果不嫌弃我的话，咱们就处处看，你看可以吗？你好好治病，我明天来看你。我跟你说，我同事的姐姐是卖婚纱的，等你出院了我带你挑一件，你穿婚纱一定好看，肯定好看！’”

“你知道吗？他这话说出来的时候，整个病房的人都被震住了，我也是一脸的诧异——你是人民警察吗，怎么手段这么霸气，这么厚颜呢。我们当时都以为这孙局长是为了欺骗小蔡使的权宜计谋，谁知道这家伙第二天拎了一大束玫瑰花过来了，把小蔡护士的脸羞得比苹果还红，那天女孩一句话都没敢说，孙局长倒是说得口干舌燥，鼻孔冒烟。从此以后，这家伙每天都来，每天都是一大堆无遮无拦的情话，说得我们都听不下去了，有点犯恶心。我们这才知道，这孙局长动了真心了。这老光棍估计在十大青年颁奖礼上就看上人家了，否则不会这么突然就死心塌地。”汪主任显然很有生活阅历。

“接下来的事情就比较简单了，小蔡护士渐渐地接受了我们的治疗，身体也慢慢恢复了，她的心情也被痴情局长撩拨得好了很多，往日的美丽似乎又回来了。两个月后，孙局长开车把她从医院接走了，出了医院他俩直接去了虎丘婚纱市场，没有几个月，这两个人居然真的结婚了。”

“婚礼是在我们医院附近的一家酒店举办的，结婚那天去了很多警察、医生和护士，偌大的会场塞得满满当当。不知道哪个不靠谱的婚庆公司布置的婚礼会场，左边清一色蓝色制服的警察，右边清一色的白色医护人员，家属亲朋坐中间，搞得现场跟追悼会似的。”

“不过现场还是蛮感人的。新娘笑容一直挂着脸上，一副嫁给爱情的模样，而孙局长更是笑得跟朵盛开的牡丹花似的，他没羞没臊地抢过司仪的话筒，结果司仪那天讲了几句话就被撵下台了。我记忆最深的是孙局长的表白：‘兄弟们，我今天结婚啦，我以为啊，这个结婚可能不属于我了，可是呢，上帝他老人家看我太可怜了，不忍心啊，就说我送你一个漂亮姑娘吧。喏，就是我身边的这位新娘子。我郑重地向各位来宾宣布，以后我就不住单位的集体宿舍了，这位姑娘以后就是我的新室友了。’”

“台下蓝色制服哄堂大笑，掌声雷动。”

“‘不过说到这里呢，我还是要批评一下上帝。你要是早点派小蔡姑娘来我身边，估计我们娃都有了……’新娘听到这里泪水早已经止不住了，多大的人生悲剧给这姓孙的弄出了喜剧的感觉。”汪主任讲到这里笑了。

故事听到这里，我舒了一口气，明明是两出人生悲剧，最后却成为一出喜剧，这个结尾实在太温馨，太温暖了。汪主任继续补充着说道：“现在他们婚姻生活很幸福，两口子经常带着孩子来看我。母婴阻断技术很发达，所以他们的孩子一点问题都没有，很健康，这让我一想到这一家三口就开心，这个世界还有什么能比这更美妙的呢？”

不幸，有的时候也许只是一种错觉，它是一扇通向另外一个世界的门，门里面的世界更加精彩。失败可以打败脆弱的人，但是无法撼动乐观者的世界。

最大的失败不是失败本身

一

最大的失败并不是失败本身，而是失败背后我们所不知道的真相。

听朋友讲的一个真实故事，2009 年他在上海共富新村，有一次回家，看到路边有个摆摊卖凉菜的，他挺想买点。但是合租的舍友曾经跟他说过——地铁口有个卖凉菜的你千万别买，那个老板坑人。可那天朋友实在太想吃凉菜了，就不管那么多，称了一斤。付完钱后，老板帮他配葱姜蒜辣椒等作料，朋友没事做，背对着老板玩手机，当他无意中转身想看看老板有没有弄好的时候，却发现老板居然将之前已经称好的猪头肉往外夹，他见老板低头没有看见他，赶紧又将身子转了过来，假装什么事情都没有发生。

拎着卤菜回家的路上他心里很不是滋味。我很疑惑，问他："你为什么不制止那个黑心老板啊。"

朋友回道："这个老板口碑那么差一定是经常这么干，已经养成习惯了，揭穿了他肯定也不会承认，还会让自己心情变得糟糕。他把自己的小聪明当成了大智慧，如果不出意外，他一辈子都做不大，一辈子都会是个摆地摊的。"

后来，朋友到了另外一家外资公司，公司任命了一个很愚蠢的女老板，弄得团队鸡飞狗跳，大家怨声载道。有个男同事想通过对抗改变女老板，让她明白自己管理上的种种错误，朋友把他买卤菜的故事告诉了那位男同事，然后说道："一个能爬到这个岗位的人，一定是在某个方面做出过成绩，她基于过去成功经验会总结出自己的一套生存哲学，引起为傲并且生死捍卫。你作为一个低级销售人员，人言微轻，你觉得你能改变她的观念吗？如果不能，那你没必要跟她较劲。"

三年后，这个女老板被公司开除了，三年来她一直再未有成长，一直在保持原状。

很多时候，失败其实并不可怕，可怕的是失败之后的愚蠢，这很致命。

二

不久前女朋友很生气地打电话跟我抱怨，原来她的一位男同事说话横冲直撞，一点礼貌也没有，让她很生气，那天他当众对我女朋友说："孙鹿鹿，你是不是整容了，你肯定整容了，我知道你刀子动在了哪里，我还是不当众拆穿你吧。"一副很得意的样子，旁人都很诧异地看着我女朋友。女朋友当时保持了克制，没有发飙，但是事后想想，又心有不甘，觉得很委屈——凭什么被当众冤枉。

我笑着回道："你别拿别人的过错惩罚自己了，我给你讲个故事吧。古代有个人叫迩衡，这个人情商很低，到处乱说话，来卖弄才华。他羞辱曹操的时候，曹操虽然生气但是没有发作，把他送给了刘表，到了刘表那里迩衡又作死，出言不逊，刘表知道这个人性格，也忍了，把他送给了黄祖。黄祖是个大老粗，迩衡还意识不到自己的问题，对黄祖不敬，黄祖可不惯着他，一气之下，提刀就把迩衡给砍了。"

我跟女朋友继续说了："如果这个事情已经发生，你就不要因为这件事情纠结了。你该高兴的是这个人如果不改变自己，他早晚会因为自己的愚蠢而吃亏的，不在甲那里肯定在乙那里，不在乙那里，就在丁那里。你为什么用自己的针锋相对去让他变得更优秀？"

"现在你知道为什么《皇帝的新装》里那个皇帝那么愚蠢了吧，世界上最残忍的事情就是你的致命缺陷被人窥视，你不自知，而别人却也假装没看到。你裸体狂奔，丑态百出，大家尴尬窃喜，并且纷纷下注猜测你什么时候掉进坑里，出洋相。"

三

我们拼尽全力，去做一件事情，总希望得到别人的肯定和赞扬。谁也不希望千辛万苦的辛劳最后被批评得什么都不是。但是如何看待自己的失败，用何种人生态度对待失败，却决定了我们未来能否成功。人生路上，多听听批评的声音，对于个人能力的提高是非常有帮助的。我一直坚信——知道前因后果的失败并不算失败，稀里糊涂的成功才是最大的失败。

十月份小周参加了建筑设计比赛，当时他信心满满，觉得自己的作品很棒，肯定会得奖。同时期我也参加了豆瓣征文比赛，我也对自己的作品很有信心，但是等待了几个月后，前后脚传来了我们都被淘汰的消息。那天我在京杭大运河给小周打电话，他还是难以释怀："我觉得评选上的作品也不怎么样啊，肯定有内幕。"

我笑着回道："小周，咱俩都是失败者，咱们就不酸了，你第一次参加比赛，也许落选了反而是件好事情，如果你真的稀里糊涂成功了，那你的人生就真的悲剧了。"

回头去看我自己的作品，我总结出了很多问题，其实之所以我们觉得自己棒棒的，人家不屑一顾，就是很多我们看不到的问题，人家早就看了出来。我们还差得很远。而我们在失败后要做的恰恰就是找到这些不足，向高手看齐。

知道前因后果的失败并不致命，稀里糊涂的成功很可怕。而很多成功其实并不是成功，而是自以为的成功。

2015 年我有个朋友在投资上赚了一大笔钱，他很自豪，觉得自己抓住了命运的钥匙，掌握了成功的密码，一招在手走天下不愁，从此人生一番坦途。谁知道他再次使用那个成功技巧却败得一塌糊涂，其实他那条成功经验根本就是运气而已，脱离了具体环境，根本不具备任何复制的可能性。2008 年银行大放水，钢铁企业当年财报都是翻倍的利润，很多钢铁企业在总结经验的时候，都得出了错误的结论，有的写道——是采用了国际最新管理系统，降低了成本。有的写道——公司积极开拓市场，市场份额全面攀升。有的总结道——产品设计新颖，赢得消费者青睐。其实根本不是如此，银行收紧银根后，这些企业立马回归亏损本色。

我们得找到最根本的成功砝码，而不是被所谓的虚假成功经验坑了自己一辈子。所以对自己自信是应该的，但是，如果出现了失败，还是不能轻视，要认真思考，认真总结，找到根本的问题所在。

初恋情人

一

《东邪西毒》有一句台词很经典：一个人的记性不好，就不要去太多是非之地，因为你可能忘记你的仇人。在我看来，一个人的记性太好，就会记住所有的仇恨，从而忽略了人生中的美好。

柯基是我南中医的师弟，2011 那年他去了苏南一家区级三甲医院实习，跟着心理科陈主任。在那里他遇到了一个叫丽丽的女孩。丽丽也是陈主任的实习生，比师弟早来科室一年，因为表现良好现在已经留院。纯洁的师弟对懵懂的男女之情不甚了解，而遇到了丽丽，让他有一种像喝了浓香葡萄酒一般的感觉，他的整颗心都是火烫的。他和丽丽愉快地相处了接近一年，美好回忆不可胜数。

人生总是在最不容易出现问题的时候忽然来一个大转弯。陈主任开始疏远师弟，这让他弄不明白，他同时不明白为什么丽丽会喜欢参加陈主任的晚宴，而不是跟他一起去步行街吃蜀家冒菜，他一直觉得丽丽吃冒菜手舞足蹈的样子，像极了敦煌壁画中的飞天。

师弟兢兢业业地工作着，假装世界一切安宁，而这样的自欺欺人似乎从一开始就注定行不通。后来陈主任离婚了，又结婚了。他再婚的前一天，师弟被开除了。陈主任对他说，去外面的世界看看吧，那里或许有更好的发展机会。师弟望了望陈主任的新婚妻子，也就是他的初恋情人丽丽，转头离开了。

哀莫大于心死，师弟的心已经在那一刻死掉了。在医院，师弟不叫她丽丽，而叫她师姐，其实她和他并非毕业于同一所大学，师弟和我一样，毕业于南京中医药大学，而丽丽毕业于南京医科大学，这两所学校隔了两条街。之所以叫她师姐，完全是因为想和她熟悉了之后有进一步行动，谁知道一直未能成行，丽丽是个保守的女孩子，她不愿意过早开放她自己。

但是在丽丽结婚前几天，她来找师弟，喝完一瓶葡萄酒后，她脱光了衣服，一丝不挂地站在他的面前。师弟的心在滴血，他抱着丽丽眼泪直流。他帮她穿上了衣裳，对她说道："你走吧，这样做会让你觉得我们再无亏欠，但是，我希望你一辈子都记得我。"

丽丽含泪离开了。

丽丽结婚后，他们就再也没有联系过，但是师弟总觉得她的心里最重要的位置摆放着他，谁也无法取代。

二

师弟知道丽丽并不爱陈主任，这点他十分确定。你看一个人是不是真的爱你，你要看她的眼睛，当她的眼睛饱含深情的时候，你的心就会电闪雷鸣。

丽丽的父亲死得早，母亲含辛茹苦把她和弟弟拉扯大，丽丽的弟弟是个偏瘫患者，因为家庭条件不好，从小吃了很多的苦。就在丽丽想不顾一切和师弟裸婚的那年，她的母亲被检查出了癌症，就住在她工作的那所医院。母亲时日不多，临死前的遗愿是希望偏瘫的儿子能有个归宿，有人照顾他，她在天上才能心安。

陈主任为了追求丽丽，曾反复向她承诺：我愿意资助你去美国学医，并且给你三百万人民币，让你的弟弟早点买房结婚。师弟明白，丽丽之所以选择陈主任，是因为交易。这两个可耻的灵魂，为了彼此的需求，达成了一笔买卖。陈主任亵渎了老师这两个字，而丽丽亵渎了爱情。

陈主任有二型糖尿病，需要每天注射胰岛素。除了有钱有权之外，师弟觉得陈主任没有一点能比得上他。师弟恨陈主任，恨得咬牙切齿，但是这似乎解决不了任何问题，陈主任还是得偿所愿得到了丽丽，而丽丽也在一夜暴富后送走了含笑的母亲。这个世界是个薄情的舞台，每个人都在计算着自己的投入产出，再深的感情也经不起这样的精打细算。

从此以后，师弟发誓一辈子不会原谅丽丽这个没有原则的女人。一个人愿意破坏自己的底线去成全别人，那她就没有独立的人格，她不配得到他的尊重。

这么多年，这个落魄的男人喝着最烈的酒，过着最苦涩的生活，唱着最孤独的歌，走过最寂寥的路，他想忘掉那个让他无法忘却的罪恶女人。可是这个世界就是这么奇怪，你越想忘记的，却反而越是记住了。你越是努力去得到的，却越是弄丢了。他丢掉了爱别人的能力，也失去了爱自己的能力，变得麻木不仁和冷酷无情。

这么多年他一直没有结婚，越到后来，他对爱情的渴望越低，也许他得了一种疾病叫作“不爱症”，爱不起来了。

三

2013 年夏天丽丽和陈主任离婚了，他们的婚姻本来就是一场交易，当交易完成之后，一切都能重新开始。不久后丽丽找到师弟，希望能够回到他的身边，她哭着求他：“为了母亲才会做那样的事情。现在我已经知道错了，我忘不了你，能不能让我重新再回到你身边，还是像从前那样。”

师弟冷笑着拒绝了她，他对她说：“我这辈子都不会忘记你对我的伤害。复合的唯一可能就是我脑子坏了，记不住那些仇恨了。你给我滚，滚得越远越好，你这个肮脏的女人，我呸。”

丽丽留下了一封亲笔信，哭着离开了，她那封信上写道："我的世界其实早就被我分成了两部分，一部分是生存，一部分是理想。我理想的世界里，爱情只属于一个男人。自从遇见了他，我没有再爱上过别人。只希望如果他哪天后悔了，可以回来找我。"

师弟看完后将信撕得粉碎。

四

记性太好不是一件好事情，因为记忆中的伤害会让一个人陷入痛苦之中无法自拔。师弟拒绝回头，必定要拥抱仇恨了此余生。

2015 年 10 月份，师弟开车在淀山湖路段发生爆胎，他急打方向盘却撞上了路边的隔离栏，车子在空中旋转十几圈。因为受伤严重，他被送进了昆山一家医院，两个多礼拜他才苏醒过来。眼睛睁开的时候，只见他的父母站在床边，直抹眼泪。

师弟笑着问他们："我睡了多久了？"

"孩子，你睡了两个礼拜了，我以为你永远也睁不开眼。多亏了美国来的李医生，要不然我们等到下半辈子都听不到你的声音了。"他的妈妈哭了。

李医生站在病床边，笑着问他："柯先生，你现在感觉怎么样？"

师弟抬眼望了望眼前这个长着漂亮脸蛋的女医生，虚弱地回答："还是有点累，我想继续睡一会儿。"

他眼睛闭起，却想不起来任何关于车祸的细节，就感觉仿佛睡了一觉一般，至于怎么出现在医院，他完全记不得了，恍惚之中他觉得自己今年刚刚大四毕业，正准备走上实习岗位。

在李医生的精心照顾下，师弟渐渐恢复了健康。这些日子，李医生对他的关心超过了对其他所有的病人。一个医生对病人的好，其实是有界限的，医生的爱是一种人道关怀，而李医生对师弟的好，却让他感觉到了另外一种情感，似乎有一种妻子般的无微不至和含情脉脉。

李医生的眼睛像一汪深潭，她看着师弟的时候，眼里噙着泪水，望着这双眼睛，师弟无法控制自己，他心跳加速，双腮都红了。师弟很喜欢这样的眼睛。师弟有了一种要恋爱的感觉。养病的那段时间，他的爱情终于来了。一场车祸收获一段爱情，那这样的失败实在是太成功了。

五

车祸让柯基的肋骨断了两根，手骨打了四根钢钉，大脑也受到了严重的创伤，很多事情他记不得了，很多人他也不认识了。李医生拿着检验报告告诉他，他得了局部失忆症，丧失了对一部分年份的记忆。她把一张张熟悉的照片递在他面前，师弟一边翻照片一边不住地摇头，显然他并不认识照片上的这些人，也想不起来和他们有什么交集。

李医生叹了一口气，对他说道：“照片上的这些人都曾经在2011年后参与过你的人生，可是因为车祸，你大脑中的这段记忆被抹去了。也就是说，你的人生重新回到了2011年，从今天开始你将重新开始新的一天。”

人生的五年记忆居然都在车祸中被撞飞了，师弟呆呆地望着李医生，不知道该如何回答她，他觉得这件事情太不可思议了。

此后，李医生经常来看望他，随着时间的推移，他们的感情也变得愈发牢固，不久之后，他们步入了婚姻殿堂。师弟对这段爱情很满意，就像李医生对他的爱一样，他们对彼此都没有什么挑剔，都是发自真心的爱。

师弟很幸运，遇到了这么贤惠，通达，又那么爱他的妻子。能有这么样的一段爱情，人生还奢求什么呢。师弟发誓要好好过日子，努力生活，要和他的妻子一起生宝宝，生好多宝宝，然后将宝宝们抚养长大，他要让孩子们知道，他们的爸爸妈妈是因为一场车祸而相爱的，而这场不幸的车祸是上帝安排的，目的就是将世界遗落的爱人聚在一起，让他们永不分开。

“丽丽，我爱你。”师弟对着妻子深情告白，自从结婚后，他不再叫她李医生，而叫她全名丽丽。

不过，冥冥之中他总觉得丽丽这个名字好熟悉，总感觉这个女孩上辈子似曾和他有过交集。

“也许这就是爱情吧！”师弟喃喃说着。

生存战争

一

吴晓波曾经在他的书《将时间浪费在有意义的事情上》中写道："普通青年的标配与他的职业其实没有关系，而在于两个指标：第一，普通青年只有职务性收入，甚少财产性收入。第二，普通青年的银行负债率为零。"

当初我买房子的时候，首付并不够，于是刷了信用卡，负了债。后来装修房子，前前后后投入二十多万，欠银行的钱越来越多，到了 2017 年下半年的时候，流动资金缺血，我的生活就要断炊了。正好有个做小额贷款的朋友推荐一家银行的普惠，于是我下载了那家银行的软件贷了点款。

每到还款期，客服人员就会给我打电话，催着我还钱。也不管我受得了受不了，他们只管按照他们的方式催收，就像是高利贷公司派来的似的。他们像强迫症患者一样，不给予我任何尊重，十分扰民。有好几次我都被搞得烦躁了，挂了电话后破口大骂，我终于快要忍不住了。

就在四月份，孙鹿鹿跳槽，面试了几家公司后，被同一家金融公司吴中区分公司录用了。待遇不错，离她的家也很近。于是，讽刺的事情出现了，孙鹿鹿成了催收人员，而我成了被催收者，我们这一对情侣如今站到了两个敌对阵营。

孙鹿鹿告诉我，催收人员基本上都是“90”后，被催收的客户基本全部都是“80”后。这恰恰是当今社会现状的真实反映：“70”后大都已经事业有成，不再有资金上的问题，“90”后刚刚走上社会，还没有生活和事业压力，只有“80”后负债最多，压力最大，既有生活压力，又有事业压力，资金非常吃紧，向银行借钱无门的情况下，贷款成了“80”后的很好选择。

“饿着肚子的思想家，最后只能想自己的肚子。”人如果不能摆脱最基本的生存问题，是没有时间思考如何实现宏大的人生理想的。穷人不是没有梦想，也不是不想改变命运，只是穷人的时间和精力大都被消耗在了思考温饱问题上了，如：明天该去哪里吃东西比较省钱，租个什么样房子可以省钱。鸡毛蒜皮，零零碎碎。生存问题活生生地把穷人的脑袋给占满了。

二

2018 年 10 月份，我有一笔钱可能无法及时还款，当催收人员打电话给我的时候，我诚恳地说明了情况，并告知这笔钱可能要晚几天。谁知道催收人员立马翻脸了，在电话中不客气地傲慢说道：“孙先生，如果你不能及时还钱的话，你可要考虑后果啊，我们会收了你的房子。”

本来我的心情就烦躁，听这么生硬的语气，十足的黑社会做派，很恼火，于是在电话中愤怒骂道：“你收啊，你把房子收去好了，你讲话的语气跟个黑社会一样，我说不还你们钱了吗？”

对方一点也不怵，冷笑着说道：“孙先生，请注意你的用词，你没钱就不用还了吗？你欠银行钱还有理了？你敢不还钱，我就打你联系人电话，你走着瞧。你穷还有理了你。”

长这么大我还是第一次遇到这样的银行和这样牛的催收人员。我更加愤怒了：“你打啊，你赶紧打，什么破玩意啊，脑子进水了。”

因为无法承诺及时还钱，我和催收人员发生了激烈的冲突，既然已经撕破脸了，我也没有什么好担心的，我还安慰自己：即使退一万步讲，我还是这家公司的客户，我按时付给银行利息，他们不会粗暴对待自己的衣食父母和上帝的吧？

第二天中午，我父母的电话不邀而来，父母在电话中焦急地跟我说银行的工作人员打电话给他们了，说我不还钱，银行要没收我的房子，还要上征信，以后就是黑名单，影响非常大，他们很担心。听完父母的电话，我的肺都快气炸了，这公司真是烂到家了，还有这破催收人员，真的是无法无天。即便欠的是高利贷，和高利贷公司好言沟通，还有几天宽限时间，而这个破催收不近人情，处理方式简单粗暴，十分下流。

当天我就投诉了这名催收人员。

虽然事情后来处理了，但是我还是很生气。作为一名“80”后欠债人员，我被“90”后催收人员结结实实地上了一课，十分落魄。

三

孙鹿鹿的底薪很低，她的奖金和催收回款直接挂钩，如果有烂账的话，一个月基本上等于白干。她所在的团队有末位淘汰制度，连续三个月都出现在名单上的人，就有可能被停案，一旦被停案，那么只能拿底薪——一个月2500元，还得像其他人一样早上八点上班，晚上七点下班。这是公司变相辞退员工的借口，很多人一旦被停了案，就会自动离职。

孙鹿鹿运气不太好，每到月底总有几个不给面子的“80”后客户无法及时还钱，孙鹿鹿用尽平生所学，还是无法把客户打动。客户死猪不怕开水烫，就是不还钱。其实孙鹿鹿也知道，电话那头的人也许投资失败了，也许炒股被套牢了，也许做生意垮台了，总之电话对面的“80”后他很穷，他没有钱。

连续两个月孙鹿鹿都在淘汰名单附近徘徊，这让她非常焦虑。来公司不到一年，孙鹿鹿已经送走了好几位同事了，这个岗位残酷且现实，无论是对内还是对外，都是如此不留情面。

交流多了，我非常能理解他们的艰辛。他们深知生存法则：如果不对客户狠一点，蛮横一点，那他们自己就面临被淘汰的危险。这是一个零和博弈，终究有一个人要受伤，不是自己那就只能是客户。

一天，孙鹿鹿发短信给我，心情很低落，她跟我抱怨一个“80”后客户骂了她，用很恶毒的语言，让她心情很是不好。我听了后义愤填膺，在微信中气愤地回复道：他骂你，你也骂他，这穷鬼不还钱，还“出口成脏”，还真不要脸了。

话音刚落，我突然就想到了那个被我投诉的“90”后催收小伙子，好讽刺的场景啊，此情此景，恰如当年当时，只是角色调换了一下而已。

生存没有什么高贵，狮子捕猎和鬣狗掏肛其实都差不多，都是为了吃饱肚子。为了生存，豁出去了的孙鹿鹿就像捅马蜂窝一样，每天十几通电话打过去，“马蜂们”被烦得不行，咒骂也没用，只要没有还钱，这些精力旺盛的小姑娘们根本不会罢休，会继续往马蜂窝上捅。孙鹿鹿还每天跟我反馈客户的进展，“哎，那个骂我傻子的客户还是没有存钱，我这个月可能更加危险了。”“哎，有个客户不接电话了。”“哎，那个客户又骂我了，说我以后嫁不出去，光棍三千年。”

终于有一天，孙鹿鹿开心地发短信给我：那个没钱还脾气暴躁的客户终于把钱存上了，哈哈哈，好开心。

孙鹿鹿迎来了难得的好心情，这一天她笑靥如花。

四

“这个时代若真有尊严，它从来不在民间。”对于底层人民来说，谁的生存体面过，谁不曾嫌弃过卑躬屈膝的自己，又加倍地卑躬屈膝呢？为了生存，只能在各自的立场，做自己利益的维护者。很多时候是与非，对与错都已经不重要了，我们要考虑的唯一问题是养活自己，生存下去。

生存的意义是什么？是不是我们越努力，越会成为别人的敌人？也许若干年后我发达了，会含泪回忆：当年我很穷，最穷的时候，借了银行钱，天天被骂穷鬼，被催收人员挑战。不过谢谢他们的挑战，最困难的日子我还是挺了过来。

而孙鹿鹿们若干年后过上了好日子，也会感慨：当年就业压力大，好不容易找了份工作，天天被客户骂，天天骂，幸好我没有放弃，咬牙坚持了下来，终于熬到了今天的好日子。谢谢客户的挑战，让我锻炼出一颗强大的心脏。

人生路上，努力生存的人都是在互相伤害，又互相成全。

“华北之大，已经安放不下一张安静的书桌”是当年年轻人对学习的渴望，那“中国之大，已经安放不下一个盛满米饭的饭碗”似乎传达了当代年轻人对生存的焦虑。

向每一个奋战在前线的傻子们鞠个躬吧，祝愿你们生活越来越好，祝你们的脸上都能绽放出幸福的笑容。

试错

一

在我看来，新药研发的过程就是一个反复试错的过程。

以前在大学里做实验，为了合成某种有机物，反复地进行实验，先是将 A 溶液倒入，发现路子走不通，推倒，再加入 B 溶液重来，一天反复实验无数次，浪费了大量试剂和时间，最后终于合成了一点点所需要的有机物，然后高兴地拿来纸和笔，将实验步骤记下。

工作后也接触过两种药物：一种是治疗男性性功能障碍的药物，一开始研发的时候是为了将其用于治疗心血管疾病，后来发现它最大优势是治疗阳痿，于是将其重新定位。还有一种抗抑郁焦虑的药物，一开始被研发用于治疗肥胖，后来发现其在情绪障碍方面有更好的效果，也将其进行了重新定位，登上了另外一个舞台。

世间很多事情都不是一开始就做到正确的，都需要花费时间和精力在前期犯错上，犯错不是做无用功，而是在排除那些不可能的路径。人，其实也一样，只有反复尝试，反复定位，才能找到真正的价值舞台。所谓错误，很多时候也是没有放对了位置的正确而已，就像红烧肉放在碗里是美食，而放在了床被上就是垃圾。试错也是重新定位，让千里马站上更适宜它的舞台，这样才能发挥它的优势。

人成长的道路上也应该有试错机制，应该容许自己犯错误，容许自己失败，即使无法取得成功也得保持勇气继续向目标发起一次次地冲击，试错机制，能让一个人更加客观地看待自己的失败，而不是因为害怕失败而裹足不前。

关于试错，王石曾经说过一段很精辟的话："聪明的人就是同样的错误不再犯，你纠正之后可能会犯新的错误。什么叫常胜将军，就是你的胜占51%，你的败占49%，不能败的比胜的多，所谓的常胜将军是没有的。我从1983年到深圳至今，实际上更多是不断试错，一直在犯错。我们通常都是事后以成败论英雄，实际上你更多看到的过程，就是在不断地试错。"

所谓成功，无非就是胜利在无数次试错后终于出现了，而它，并不是凭空产生。

二

孙氏祖训上联是：十三篇用兵如神，有文经必有武备。下联是：千金方救人无算，能治国亦能齐家。在我们孙氏名人中也不乏很多犯了错误，但成就更高人生的名人。

他博学多才。同班同学嫉妒他才华并设计陷害了他，剥夺了他的就业机会，还对他的精神和肉体进行了惨无人道的迫害，把他的腿打成残疾，丧失直立行走的能力。不过，他身残志坚，永不放弃，终于找到机会逃跑了。逃跑之后，他借助他国军事力量，历尽千辛万苦复仇成功，将同班同学弄死在一棵歪脖子树下，这个不屈服的人叫孙膑，那个迫害他的同班同学叫庞涓。

犯错有坏的一面，也有好的一面，你得积极地看待它，而不要被坏的一面带偏了方向。

三

谁的一生是一帆风顺的呢？谁的人生不是在不断跌倒中不断爬起，再跌倒再爬起的过程呢？每一个英雄在没有成为英雄之前都有过一段被反复锤炼的时光。正所谓沧海横流方显英雄木色，越是经历过大灾大难，越是能够在日后鹤立鸡群，成为一方霸主。

成功不是你一下子找到了成功密码，而是当你排除了所有的失败，不断试错，将那个正确答案找了出来。从另外一个角度来看，试错是一个人走向伟大的必经之路，是通向成功的必须历程。一蹴而就的成功太稀缺，屡战屡败，屡败屡战才是真的人生。

陈毅元帅的诗中也写道：大雪压青松，青松挺且直。同样，越是经历过灾难和压力，越能淬炼一个人的心智和毅力。

很多年轻人年纪不大就开始抱怨成功路途太遥远。哎，没有那么严重，伟大的人物都有过一段默默无闻的过程，默默无闻不是在虚度光阴，而是在积攒能量，蓄势待发，当你势能蓄积到一定程度的时候，命运的转折就来了。

双面人生

一

人不分优劣，所谓劣等人，只是我和龚晋开的一个玩笑，只有我直呼他为劣等人。龚晋是上海人，长着鹰钩鼻子，脸上沟壑从生，从面相上看不像一个好人。他不修边幅，裤子松松垮垮，衬衫皱皱巴巴，劣质皮鞋上也满是灰尘。身躯瘦小的他，营养不良得像一名吸毒人员。

龚晋出生于 1965 年，比我大二十岁。2016 年 6 月份，我们相识于苏州一家创业型医疗器械公司。当时市场部有五个人，龚晋是领导，但是龚晋第一天开会就让我们三观尽毁。会议上，他像成功学大师一样演讲如何开拓市场，他的理论不高明，语言也很粗鄙。他讲到了他的老婆有外遇，但是他并不生气，是他不争气才导致如此下场。他总结道：男人，你得更加强大，才能避免自己的老婆被别人拐走。

龚晋还拿着公司的产品，大声向我们咆哮道：“我销售本领大到你们不敢想象，我可以把屎一样的产品卖出去。”我替他捏了一把汗，老板要是知道龚晋把他辛辛苦苦研发出来的产品比喻成屎，他该多伤心啊。

那天中午，龚晋带领我们外出就餐。去之前他把公司前台、财务、研发等部门的同事都叫上了。十多个人满满一桌子。餐桌上龚晋提议每一个人自我介绍一下，我以为他是想增进同事们之间的友谊，以方便日后跨部门交流和协作，谁知道和他熟悉后，他告诉了我他的真实目的，他说：“我在甄别这帮人，哪个人有可能是老板亲戚。不过现在看来一个都不是，那我以后就不用怕他们了。”

果然，已经摸清大家底细的龚晋毫不掩饰自己的嚣张。他对市场部展开了严厉的整顿，市场部的小徐被定为霸凌的对象，稍有不顺龚晋就骂他出气。龚晋给他安的罪名包括：不听从领导指挥，无组织无纪律，个人作风散漫等。公司老板的默许，更加助长了龚晋的嚣张气焰，龚晋愈发目中无人。每个人都像鹌鹑一样注视着这位像怪物一样的新领导，心存畏惧。

二

攘外必先安内，很显然，这个道理龚晋是懂的。对市场部采用了一番高压整顿之后，龚晋的权威算是被暂时树立了起来。一个自信的人会给人一种胸有成竹，胜券在握的假象，而龚晋似乎正在扮演着这个角色。

龚晋一而再，再而三地向老板表示，他在江西有强大的人脉资源，如果让他放手来做，他将利用他强大的人脉为公司打出一片天地。两个礼拜后，他找到了老板，说服老板委派他去江西，并向老板保证一定会在接下来的一个月内实现大的突破。老板认真考虑后同意了他。龚晋本想一个人去江西，但老板提议他再带一个人，也好有个照应。龚晋想了想，报了我的名字，他说孙来利有外企的工作经验，而且待人接物比较专业，文笔也好。

其实在我日后看来，这里面有龚晋自己的小算盘：他知道老板名义上说派个人给他当助手，实际上是想派个人来监督他。但是他又不能拒绝，只能假装同意，并顺势推荐了我。而我相对于市场部其他同事来说，对他威胁最小。

站在我的角度我也是愿意去江西的，对于一个写小说的销售人员来说，我要观察这个社会，我要了解所有我感兴趣的人，龚晋无疑也是我要观察的对象。

坐了一夜的绿皮火车，我们到达了江西吉安。龚晋带着我来到他在吉安的落脚点，一个在山脚下的破旧民房，房内光线阴暗，散发出霉败之气。可以确定，龚晋在来苏州之前生活质量并不高，否则他不可能住这种地方。而且一个落魄的人不可能有很多上流社会的人脉和朋友。

接下来的几天，龚晋带我东奔西走，忙得不可开交，但是大都是在做无用功。他先是和一个叫小兵的经销商喝酒，酒桌上没聊公司业务，全部都是在天南海北吹牛。后来他带我见了一个叫“鸭子”

的人。不过那天谈得并不愉快，龚晋酒后发酒疯，把“鸭子”大骂了一顿，他脱得只剩裤衩要和“鸭子”打架，大家不欢而散。第五天龚晋找汤老二的哥哥汤老大喝酒，他告诉我汤老大是吉安最牛的经销商，在吉安呼风唤雨，扭转乾坤，那晚他拍了汤老大一晚上的马屁，吹了一顿牛，也是什么业务也没谈。到了第六天龚晋突然收拾东西对我说：“孙总，我们去南昌找我的朋友老邱，他手头有我们需要的资源，十分庞大，大到你想都不敢想。”

龚晋的描述天花乱坠，云山雾罩，这个谜一般的老男人有着谜一般的自信，但是那种自信又像梦幻一般。

三

我们到达南昌已经天黑了，龚晋打了一辆车带我赶往酒店。到了酒店，包间里面已经落座了七八个人，谈笑风生，气氛十分欢快。龚晋进门后，对着坐在主坐的男人大声呼喊道：“爸爸！爸爸今天过大寿，我来晚了，爸爸不要生气啊。”

我立刻被惊到了，眼前这个被龚晋叫爸爸的胖胖中年人，应该就是几个小时前他跟我所说的老邱。老邱对龚晋的迟到显得很是不满，他扯着嗓门对龚晋喊道：“龚晋，老子今天过生日，你迟到那么久，什么意思啊？别一口一个爸爸，给我叫老了。”

龚晋脸上依然堆满谄媚：“那我是你女婿啊，爸爸，你什么时候把你的女儿嫁给我。”

老邱骂道：“滚，你这个疯子。”

龚晋嘿嘿地笑，像只打鸣的公鸡。

那天酒桌上我才知道，老邱根本就不是什么经销商，他和龚晋都是上海人，现在在一家小公司做鸟牌呼吸机，龚晋千里迢迢带着我来南昌根本就不是来谈业务，是来给老邱过生日的。老邱那晚不胜酒力，醉倒了，几个人七手八脚把他送回去后，约定转场继续喝一杯。可是转场落定，龚晋几杯酒下肚后，又开始耍起了酒疯，要和一个叫董胖子的人打架，原因是他觉得那个胖子看不起他。龚晋脱掉上衣，露出干巴巴的身体，朝着董胖子骂道：“你个死胖子你牛什么牛，你不就是个破司机吗？老子一个打你十个。”

大家再次不欢而散。人都走完后，龚晋还是喋喋不休：“这个破司机，狗眼看人低，我早就想打他了。”几天的积怨终于在这一刻爆发了，我一把推开了龚晋，大声地朝他吼道：“龚晋，公司安排我们出差是跑业务的，你来江西这几天带我跑来跑去，到处喝酒打架，你这是在害我你知道吗？”

这些日子，我每天都跟公司汇报我们在江西的工作进展，我的汇报龚晋要亲自检查一遍后才能发送，于是在我的工作汇报里汤老二、汤老大、小兵、老邱、“鸭子”、少君等都变成了非常有潜力的经销商，都有成为公司大客户的潜力。其实都是龚晋瞎编的。

这个快到六十岁的上海老男人根本就没有什么人脉资源，他在忽悠公司，而如今他要拉着我一起忽悠公司。我对这个老流氓已经非常不满了。

我的反抗显然让龚晋十分意外，他大声质问我是不是要步小徐后尘，违抗领导工作指示。他撸着袖子叫嚣着也要和我打一架。看他如此躁动，只让我觉得十分好笑，于是我心平气和地对他说道：“龚总，这样吧，找个地方我请你喝酒，我们好好谈谈心怎么样？”

见我态度变软，龚晋也放松了一些，他没有节操地回道：“好啊，那孙总你买单，我们去吃烧烤吧。”

夜已经很深了，南昌的夜说不上美。路上都没有什么行人，路边的烧烤摊上倒零星坐着几个吃夜宵的人。我们点了一些海鲜和烤串，几瓶冰啤酒。我试图缓和紧张的气氛，于是举起啤酒瓶说道：“龚总，能和你相识也算缘分，我们相处也有一个多月了，也想好好跟你聊几句。”

和龚晋出差这些日子，我听惯了他那一套理论，此刻我不想再听这个老骗子描绘的任何远大前景，我已经听腻了，只想聊一聊内心的真实想法和对未来工作的打算。

我的姿态摆得很低，推杯换盏之后龚晋放下了戒备，表示会在接下来的时间认真工作，他还跟我聊起了他的过去。他说他毕业于上海中医药大学，在上海的医院做过妇产科医生，因为作风问题被医院开除。后来做血球仪，做过江西省总代理，持有公司股份。他的父亲是工程师，曾经在河北做核能研发，是共和国的栋梁。

那一晚，这个还是我领导的男人承诺接下来会好好工作，毕竟拿着公司的钱，要为公司好好做事情。但我总感觉，龚晋还是没有完全放下戒备心，他还是没有跟我说实话。

四

如果你走近龚晋，你会发现这个人身上遍布“劣等人”该有的所有毛病。首先龚晋非常好色，已经到了饥不择食的地步。他经常去做按摩，来江西后第一天我已经见识过。那天，他让我在医院等他一会儿，不久后他满头大汗，红光满面地回来了。我问他去哪儿了，他说他刚才花了一百五在一家足浴店待了会，挺漂亮，就是太胖了，抱不过来。龚晋在我面前讲话从来都不隐晦，也很不体面，不过他根本不在乎这些。

龚晋还跟我聊他调戏老邱女儿的故事。老邱的女儿是 1987 年出生的，有一次她失恋后半夜找他聊天，聊着聊着，龚晋有冲动了，他跟老邱女儿开玩笑：叔叔爱你啊。老邱女儿也回复：我也爱你啊，叔叔。龚晋总觉得老邱女儿在勾引他。

每次龚晋和我去饭店吃饭，都会调戏女服务人员。搞得我不停地跟服务员解释：这个老头精神有问题，你不要太认真。

金朝皇帝完颜亮曾有一句名言，“尽天下美女而妻之。”在这一方面龚晋也不含糊，龚晋的座右铭是“尽天下女人而调戏之”。

龚晋不光好色，喝酒后神经也很不正常，脾气也极其暴躁。酒后的他会不停地说话，不停地说，直到说得嗓子都哑了也不住嘴，仿佛一分钟不说话，他就会立马死掉一样。龚晋的烟瘾非常大，他的肺已经生了严重的疾病，一天吐无数次痰。这个落魄不堪的男人如果照着这个方式生存下去的话，他的身体很可能会在几年之后彻底垮掉。

那晚南昌街头谈心后，龚晋表示要洗心革面，第二天他带我去见一名核心客户。去之前他把那个客户夸得天花乱坠，而到了客户的公司之后，才发现居然是第一天和我们喝酒的小兵。从聊天中我明白了，龚晋准备帮小兵做的产品根本和我们公司的业务无关。小兵承诺龚晋帮他打通一家镇医院的产品渠道，到时会给他一笔报酬。事到如今，一切都一目了然了，龚晋这个所谓的能力通天的人，就是一个彻头彻尾的骗子。

五

公司打电话给龚晋叫他回苏州述职，龚晋让我先回，结果老板不同意，他承诺老板实现销量零的突破，而忙活了两个星期，花了不少差旅费用，依然毫无成绩。我意识到，这次回苏州肯定会被老板挑战，而龚晋显然也意识到了这一点。

回苏州的前一晚，他请我喝酒。几瓶冰啤酒下肚后，他斜着头问我：“孙总，你知道老板为什么会聘用我吗？”

这个问题我也很早就想问了，我也很纳闷，老板为什么会雇佣你这个败类呢？于是眼睛看向他，希望得到他的答案。

龚晋满饮杯中酒后，笑着说道：“当初面试的时候我跟老板提过我在南昌有人脉，我跟他说：很多产品，都不是靠质量赢得市场的，靠的是忽悠，是骗，靠营销队伍的洗脑。我这么一说老板就聘用了我，你想想如果一个老板对自己的产品有充分的信心，他会被我打动吗？所以我早就判定，这个公司的老板才是大骗子，他就是用他那个不成熟的产品欺骗投资人，等投资人投入的两千万风投烧完了，他会再找一家公司融资，继续烧钱。”

我很纳闷：“能融到资吗？”

龚晋又喝了一口啤酒：“孙来利，你看事情还不够深啊，这帮骗子会讲故事啊，骗骗投资人还是很容易的，大不了把自己的股份继续稀释呗。”

那天晚上，龚晋又打电话约汤老大吃饭，结果又不欢而散。汤老大当着我的面把龚晋狠狠地侮辱了一遍，他指着龚晋的头骂道：“你这个老骗子，骗吃骗喝，你有什么人脉，你有什么市场资源，你就是个忽悠。”说到生气处，汤老大的司机都差点对龚晋动手了，被我拉开了。

第一天见面还对龚晋唯唯诺诺的汤老二似乎也被他哥感染了，也开始骂龚晋，说龚晋整天吹牛，吹嘘自己有多少女人，其实都是按摩女。就像钱锺书《围城》所写的那样，老实人的恶毒就像饭里的沙子一样，随时都能咯了牙。汤老二这个老实人让我再次意识到了这一点。

回宾馆后，落魄的龚晋一晚上都魂不守舍，躺在床上自说自话，仿佛一个精神病患者。才到江西半个月，龚晋编造的谎言已经全部破产，看着眼前这个干巴巴的老头，我突然想到了王宝强演的树先生，没有幸灾乐祸，反而有点怜悯他。

在南昌和老邱聊天的时候，老邱告诉我龚晋根本没有老婆，也无儿无女。我相信老邱没有骗我，那这个抽烟喝酒满嘴谎话的老头，其实满世界也就一个亲人，就是他的老娘。这个老头脾气暴躁，像驴子一样固执，又毫不顾惜自己的脸面。他的骗人手段并不高明，他却用他自以为高明的方式把自己塑造得十分坚强。

回苏州后，龚晋居然侥幸应付了老板的盘问。他还想继续那一套在江西的生活方式，醉生梦死，欺上瞒下。一次部门会议，龚晋没有参加还醉醺醺地回来。老板十分生气，深挖江西之行的一些工作细节，龚晋圆不过来，老板过来问我，我只得坚持邮件汇报的内容全部属实，老板生气之下，将龚晋和我全部开除了。

被开除后，龚晋一次性领取了两个月的工资，离开了苏州，去了江西，那边还有小兵的业务。来苏州的他根本没有打算给公司办事，只是想领着固定工资，花着公司的钱，骗吃骗喝。

龚晋临走前打电话给我，跟我道歉："兄弟，不好意思，连累你了。"

我叹了一口气道："同事一场，你好自为之吧。"

六

没有人喜欢贫穷，有的人把贫穷当作奋斗的动力，有的人把贫穷当作堕落的借口。而龚晋无疑是后一种，因为贫穷，他走上了欺骗别人的道路。到了一把年纪后，他开启了骗术并不高明的骗子生涯。

骗这种行为，根源出在了一个人的思想上，一个人一旦形成了不劳而获的价值观，他很难戒掉自己的恶习。龚晋尝到了不劳而获的甜头，之后就被这个甜头给绑架了，从此他很难再过上正常人的生活，只能被身上的陋习不断地驱使，苟且生存。

2016 年 8 月份，我去了上海，进了另外一家医疗器材公司。而龚晋也开始了他在江西的新生活。他在朋友圈经常会发他在江西的动态信息，这个人又开始用同样的骗术继续新的生活。没过多久，龚晋从江西到了上海。据说是“鸭子”出事了，连累了他。

龚晋后来又跟了一个叫喜总的老板，重启了职场生涯，这次他的主战场放在了江苏，他拍胸脯对喜总说：“我在江苏有数不清的人脉和资源，大到你想都不敢想，让我来开拓江苏市场，保证能让公司发展蒸蒸日上。”

2017 年 8 月份，龚晋请他老娘在上海三林吃饭，叫我过去。我曾经在朋友圈见过他老娘的照片，而跟老人家见面还是第一次。老人家身体还很硬朗，她喜欢吃鱼，龚晋点了一条大鱼，并帮他老娘去鱼刺。吃饭的时候老人家跟我聊起了龚晋名字的由来，以及龚晋父亲的情况。和龚晋在南昌跟我讲的一样，他确实出生于河北，父亲曾经是核动力工程师。

扑朔迷离的龚晋在这点并没有跟我撒谎。

到了 2017 年 10 月份龚晋的资金开始吃紧了，他的信用卡都还不起，急于弄钱的他开始借小贷公司的钱，一万、两万、五万，因为他有上海身份证，所以他的小贷还能不断批复，有一次他的七万额度又下来了，他还了老邱三万，再次约我喝酒。我对他说："龚总，如果你还不起小贷公司的钱，你准备怎么办。"

龚晋淡定回复："去东南亚躲起来。"

从 2017 年 12 月份开始，龚晋的电话就联系不上了，微信最后一条动态也停止在 2017 年 12 月 10 号下午 4：09，他在芭提雅，微信内容是：这边风景火热。

此后一直没有他的消息，发微信给他他不回，打电话给他他也不接，他微信运动步数一直显示是 0。我记得 2017 年 12 月 9 号最后一次和他电话，当时他跟我说他在缅甸谈生意，也发了一些他在缅甸的照片给我，言语之中还是那样的自信。但是仅仅一天后，这个家伙从这个世界就彻底没有了声音。我怀疑龚晋已经遭遇不测了，也许这个老骗子已经悄悄走完了他悲哀的一生，去了另外一个世界。

劣等人的故事结束了，我知道很多人也许会对这个骗子的最终下场拍手叫好。

好好地生活，认真地生活，如果你拿自己的人生开玩笑，人生会让你知道开玩笑的代价。不能得过且过，也不能像路易十六那样不负责任：待我死后，哪管洪水滔天。

这是我的总结。

龚晋是一面镜子，镜子的反面是优质人生，而那无疑是我们奋斗的目标。

平凡人生

一

淡化失败最好的方式是放平心态，而保持平常心态的人更容易在复杂的环境中取得成功。

二十多岁的我是一个性子急的人，特别渴望成绩快速出现，因为缺乏耐心，很多时候我拼尽全力，付出了别人做不出的努力，可是因为急功近利，心态不好，反而失败得更多。经历了十多年的反复失败，我才慢慢明白，世间很多成就都是需要时间的，就像粮食需要发酵才能变成美酒，小苗要经过数年成长才能成为大树一样，你必须得给自己的人生变化预留时间，才能看到你期望的完美结果。

人生是一个由不确定到确定的过程，不确定会带来怀疑，带来焦虑，带来孤独和自我否定，每一个人在漫长的人生中都要经历这些悬而不定的心情。急躁不仅不会带来建设性的推动，反而还会增加负面的效果。

人生不是一蹴而就的战斗，而是场持久战，只有积小胜为大胜，以时间换空间，才能一步一个脚印靠近最终的胜利，任何的急功近利都是不可取的。一个缺乏耐心的努力者，很容易导致动作变形，从而犯下低级错误，导致一败涂地。

“人生就像种树苗一样，种完之后得保持淡定从容，你不能每天都把树苗挖出来看树苗长得怎么样，你得学会守候。”长辈告诫我。

二

平凡心态会阻止你为成功而不择手段，因为你知道急了也没有用。保持平和的心情，尊重事物发展的规律，才不会导致走火入魔，急功近利。

有的时候，我们得做好心理准备，那就是即使我们再怎么努力，还是得走过一段平凡、平庸、默默无闻甚至曲折不断的人生路。这条路很漫长，也许要走几年，也许要走几十年，也许直到我们死去的那一天，平凡还是伴随我们身边。

我们渴望扬名，衣锦还乡，可是现实生活不会总遂人愿，成功也并不遵循着必然的因果。今天种下的一棵树，明天未必会长成一棵参天大树。所以很多时候，不确定才是未来最大的确定。

理想是一个宏大的构思，而生活是琐碎的障碍物方阵。曾经我受励志书启发总想着创业，发誓要做一名企业家，干出一番惊天动地的成绩。我被自己想象出来的美好未来吸引了，酝酿了很久，终于在2012年迈出了第一步。但是当真正打开创业之门的时候，我才发现我把很多事情想得太简单了。我需要解决的第一个问题居然是怎么去城市管理局注册门头广告，以方便打印店做店招。我得去找城市管理局，并把流程走完。忙活了两天费了九牛二虎之力我终于弄好了，可是回头一看其实我的创业之路前进了不过两厘米。之前看到的励志书里全部都是战略战术、空洞的口号和鸡汤，而现实的奋斗却是那么细碎和复杂，全是具体的小障碍物，只有排除了这些障碍物，才能够继续前行。

这次创业让我明白了一个道理：人生路是走出来的，很多时候我们要走的路远远比脑子中想象的复杂，也比想象的要坎坷，不要盲目地对人生抱有过高的期望，也不要抱有过多的不切实际的幻想，否则你会很快失去斗志，丧失前行的勇气。

人生的痛苦来源于未来的不确定性，人生的希望也来源于未来的不确定性，换句话说：有希望的人生本就是充满痛苦的。

哥伦布说过“无知比有知其实更令人自信”。而生活告诉我们，平凡心态的人恰恰是有生活阅历的成熟，那种成熟来自对前行风险困难的充分预测，我们知道生存其实并不简单，而浮躁很多时候会让我们跌更多的跟头，面对不确定，我们早有充分的心理准备。

三

我们都是低配人物，拥有的资源十分有限，很多时候盲目地在一个点上寻求突破，必定会在其他方面有所牺牲，这就意味着会出现更大的风险。比如一辆汽车，在整体投入不变的情况下如果你一味地追求速度，那么你势必会降低车皮的厚度，以及轮胎、刹车等方面的性能，而这些变动会让汽车变得极其危险。

罗马非一日建成，量变终究会变成质变，中国现在的发展也经历了几代人的努力，每代人有每代人的使命，即使平凡、贫穷，也得拼命埋头向前，人生是做加法的过程。每一个人都是在有限的资源下经营人生，速度和安全都得权衡。

也许我们这一辈子，只是个平凡的人。可是，经营平凡的人生也不是一件轻松的活儿，考验很大，也并不容易。能把平凡的人生经营好，也是一种巨大的胜利。

当你发现这个世界大多数人最终归属都是平凡，也许你就不再对成长有那么大的焦虑。放平心态，过好当下的每一天，每一秒，这才是真正的人生。就像朴树唱的那样：我曾经失落失望失掉所有方向，直到看见平凡才是唯一的答案。

平凡也许才是人生唯一的答案。

不要为打翻的牛奶哭泣

一

失败在人生中随处可遇，有的有机会挽救，有的却无法更改。面对失败，伤心难过不可避免，但是不能因为哭泣而任由失败支配我们的人生。不要浪费生命为打翻的牛奶哭泣，因为这是最愚蠢的选择。

2012 年秋天打电话回家的时候，妈妈总在电话里跟我说我那不到两岁的小侄子腿上总是无缘无故出现青色肿块，很硬，短则两个礼拜消退，长则一两个月。去县里医院医生也不知道怎么回事，只开了一些跌打损伤的药膏。

我让拍几张照片给我看看，照片发来后，我的心里咯噔一下子，赶紧打电话给我哥哥，询问他关于侄子出生时候的细节，哥哥说一切都还挺好的，就是有一次抽血的时候发现腿肿得很高，也不知道怎么了，怀疑是感染，后来还在医院的 ICU 住了很长一段时间。

我对哥哥说："哥，你把侄子带到苏州，我带他去苏大附一院看看医生，仔细检查一下。"

我没敢告诉我哥实情，因为我怀疑我侄子得的是血友病。血友病是在英国皇室贵族中最先被发现的，属于罕见病，是人体内凝血酶发生问题导致人体无法正常凝血而导致的疾病。普通人出血了，十几秒后血液就会凝结，而血友病人的凝血速度非常慢，会产生很多严重的问题。

二

嫂子带着侄子来到苏州的第二天，我们去了苏大附一院，医生在仔细检查完后，确定是血友病。最后一丝希望也没有了，医生安慰我们："你们带孩子去苏大儿童医院测血，看看到底是缺少了哪个因子，程度如何？如果因子缺少程度不大，还是可以和正常人一样的。"

第二天一大早，我们带侄子去了儿童医院三楼抽血，抽血前我对护士说："孩子可能是血友病，抽血的时候注意一下。"谁知道护士并没有记住我的叮嘱，还是抽了动脉血。抽完血几个小时后，嫂子发现侄子的脖子总是偏向一个方向，解开衣服一检查，才发现上午抽血的脖子附近居然鼓起了一个很大的肿包。原来动脉血的血管血压太大，在抽血完后的这几小时内，血液没有凝固，一直在流淌着。

我们吓坏了，赶紧找医生。医生了解了情况后问我们：知道缺少哪种因子吗？我们回答说不知道，这次来抽血就是为了检查到底缺少哪个因子。医生叹了一口气："唉，麻烦了！这样吧，先赶紧输血浆，补充流失的血液，血浆里有凝血因子，可以止血。"

因为脖子肿胀，侄子一直在哭泣，嫂子不敢让他坐下，就一直把他抱在怀里。那天医院病房紧张，一直没有空床，侄子就在走廊里输液，过道的风很大，又人多嘈杂，他的小脸冻得通红，浑身瑟瑟发抖。好不容易到晚上有了空床，我们才挪到屋里。可是输了那么长时间的血，也不见肿块消退，马上快到夜里了，侄子困了要睡觉了，可是脖子有血肿，疼得他又哭又闹。他的脸哭得通红，不断地叫妈妈，嫂子眼泪终于止不住了，泪滴啪啪地落下，她抬头问我："弟，你看这怎么办？"

我只得淡定地安慰她没事，再过一会儿就好了，其实心里也是翻江倒海。

这场波折的发生离他们踏上苏州土地还不到两天的时间，一天前侄子还活蹦乱跳，而此时却因为出血不止受到了死亡的威胁。侄子才两岁，未来的人生路上，也许这样的考验很多，对于一个充满朝气的小生命来说，这一切无疑是残忍和不幸的。

这是一个难熬的夜晚，侄子没怎么睡，一直在哭闹，好不容易熬过了这一晚。到了第二天中午，肿块消退了好多，我们悬着的心终于放松了下来。两天后，儿童医院的检查结果也出来了，是凝血八因子缺乏，侄子的凝血时间是一百三十七秒，比平常人慢三倍多。

三

拿到检测报告后，我打电话给我哥，告诉了他检查情况，我哥听后重重地叹了一口气，仿佛天塌下来一般，他不停地念叨着：“这可怎么办？怎么办？万一身体被碰着了，那就出大事了啊。再说了，以后上学读书了，怎么办？不光不能参加体育课，还不能和其他同学有碰擦……”

我哥实在接受不了这个结局，他情绪变得极其悲观。几天前他还是万里无云的心情，而如今一下子来了个阴云密布。这个对自己这辈子没有多少指望的男人，只希望儿子能够健健康康，可是老天爷却毫无征兆地给了他这么一个噩耗。

我哥是在三十岁的时候有了我侄子的，因为工作的原因，他的身体一直不好，结婚多年一直没有孩子。为了生育他长期奔波于各大医院，走了很多弯路，吃了很多药，就在他都快要放弃的时候，情况终于有了好转，一年后我嫂子怀上了我的侄子。

曾经付出得越多，越是对自己的付出格外珍惜。侄子的出生，了却了我哥一个心愿，他终于做爸爸了。曾经心事重重的他一扫之前所有阴霾，变成了一个开朗乐观的人。人一旦心情好了，他的世界一定就好了。侄子出生之后，他不再和我嫂子吵架，以前的他凡事喜欢较真，而做了爸爸后变得豁达。对于我的父母，他也有了态度改观。他主动带着嫂子回家向我爸妈道歉，承认当初不懂事，不尊重长辈，那段时间我真切地感受到了他的变化。

而我担心的是，侄子的身体状况会让他再次把人生弄得一团糟，一个把自己心情弄得很糟糕的人，一定会波及跟他朝夕相处的人，那么紧张的家庭关系不可避免，也许冰冷的他会带领着他的家庭掉头返回从前的压抑生活氛围之中。

四

几天后，我送嫂子和侄子踏上了返回徐州的大巴车。对我侄子来说，往后余生，他都要十分小心。我在心里为他默默祈祷，祝愿他一生能够平平安安。

那段时间我不放心他们，经常打电话回家询问情况。每次我哥接电话，都是一副很沉重的语气，他每讲一段话就叹一口气。对于一个想要一百分结果的父亲来说，现实却只给了他五十分的答卷。不完美就代表着失败，他接受不了这个失败局面，也无法说服自己接受。他反复问我，为什么会出现这个情况。我只能模糊地告诉他血友病是性染色体遗传疾病。这个病不是个别现象，中国有很多，应该放眼于解决问题，而不是跌进泥潭走不出来。

2014 年，侄子的一次感冒似乎加重了我哥的心病，那一次侄子高烧不退，带到县医院退烧，一查 CT，发现脑部有血块。原来高烧烧坏了血管，造成脑血管出血，血液一直在脑袋中流着，无法凝固。一家人吓坏了，赶紧连夜转院到徐州二院，在 ICU 住了一个礼拜才脱离危险。一个普通的感冒都闹出这么大动静，我哥再次对人生失去了所有的信心，这个曾经那么盼望得到儿子的男人，在得到了儿子之后似乎陷入了更大的漩涡之中。

成年人的世界没有轻松二字，每走一步都是步履维艰。我相信我哥深深体会到这句话的含义了。他经常挂在嘴边的一句话是：如果能让我儿子凝血正常，哪怕让我用这条命去换我都愿意。

我制止他道："你不要想这种没有用的，你现在最应该做的就是接受这个现实，这已经不可逆转，无法更改了，你要好好调整好自己的状态，乐观地面对生活，多赚点钱。老是想那些不现实的，会让你心情越来越糟糕的。"

可是我的话语似乎没有什么力量，也无法改变他的情绪，一个不接受现实老是为打翻的牛奶哭泣的人，根本得不来平和的生活，也只能终日以泪洗面。

一天，镇上一个得了同样疾病的男人拄着拐杖来哥哥家里借药，那个男人和他聊了很多，走的时候他握着我哥的手说道："老哥，幸好你儿子发现得早，否则有可能像我这样终生肢体残疾。我小时候喜欢跑步，当时不知道是得了血友病，结果关节摩擦导致毛细血管出血，血全部流到关节里了，你看，现在我这两条腿都废了，这辈子算是毁了啊！老哥，想开点啊，现在医疗环境那么好，局面只会越来越好的，你得加倍为你儿子赚钱，你是他最坚强的依靠。”

这话如醍醐灌顶，让我哥哥一下子就想开了，也让他找到了他必须坚强的理由。他突然觉得自己的儿子虽然不幸，但是至少不是最坏的结果，只要好好照顾，至少可以像正常人一样生活。也许只有同病相怜，话语才会更有力量，才会打动人心。

想通了之后，他变化了很多，每天都卖力地干活、赚钱，积极地为这个家庭贮备能源。他不知道从哪里听说长效八因子即将面世，据说打一针可以管一个月，他笑着对我说：“我要多赚点钱，以后一个月打一针就好了。”

如今，侄子的身体很正常，已经步入了小学，而我哥也不再被脑海中想象出来的困难所折磨。

很多时候我都在想，人生其实就是在失去和错过之中前行，过好一生的前提是经营好自己的心情。既然牛奶已经打翻，覆水难收，就不要为打翻的牛奶哭泣，去为之浪费太多的精力和生命。接受不完美的现实，把时间和精力放在未来，抬头向前看，坚强地生活下去，并且活得更好，更精彩，这才是聪明人的选择。

身不由己的成长

一

生而为人，本就是不轻松的。我们是社会的产物，环境的产物，如果不能随着趋势前行，很可能就会被趋势慢慢淘汰。很多时候，成长并非由于自发，更多的是身不由己。

2010 年朋友所在的公司进行了一场改革，腾出了一个管理岗位，几名垂涎于这个岗位的老同事都在摩拳擦掌，跃跃欲试，因为这次机会含金量很高。那段时间朋友的公司经常灯火通明，到处都活跃着积极分子的身影，有一位女同事为了拉到更多人支持，频繁和团队成员互动交流。我那个朋友也是老员工，也有机会竞争，但是他觉得这些人太虚伪，虽然他的呼声也很高，但是他还是按照之前的节奏来做事。半年后，那个积极活跃的女生赢得了管理岗位，上头给出的理由是：在近半年的奔跑和靠近中，此人慢慢适应了这个岗位的职能要求。

朋友因为没有主动磨合，而失去了机会。很多时候，你的成长是由环境推动的，是身不由己的。只有看清这个世界的游戏规则之后，才会把自己的命运真正看得通透。

小时候学历史，学到商鞅变法，被灌输的道理是秦孝公即位以后，决定图强改革，于是下令招贤，商鞅应聘成功，通过变法助秦强大。而细看历史的话，其实没有那么简单。没有变法之前，发生了一件改变格局的大事，那就是韩赵魏三家瓜分了晋国，这就相当于小张小王小李趁老板衰弱了把老板的公司给瓜分了，周天子居然默认了，这一下子让所有的国家都惊慌起来，“如果我明天变弱了，别人是不是也会把我的国家给瓜分了啊？”

三家分晋是春秋和战国的分水岭，春秋时代几百年格局被彻底打破，进入了用拳头说话的战国时代，游戏规则也变成了谁的拳头硬，谁就可以灭别人国家。各个国家当前最大的任务就是赶紧把自己变得强大起来，因为你强大了，你就可以欺负别人，你不强大，你明天就有可能被别人欺负，或者像晋国一样被人肢解。

同时期魏国李锂，楚国吴起都在变法，都在用他们的才华武装各自国家的拳头。秦国也不想被别人欺负，于是重金悬赏能人参与秦国变法，换言之，那就是即使没有商鞅来主导变法，也会出来一个赵殃或者孙殃。而事实证明，强大后的秦国确实把其余六国都灭了。

这个故事告诉我们，进步很多时候并不是自发的，而是由形势决定的。这个世界从来都不是含情脉脉，温文尔雅，当外界环境发生变化的时候，你不能假装世界安好，继续放任落后的自己没有竞争力，继续让孱弱的自己迂腐沉沦。当其他人都在努力的时候，你没有进步就相当于退步。

张国荣在《阿飞正传》中说了一句话：这个世界上有一种鸟是没有脚的，它只能一直不停地飞，这种鸟一生只可以落地一次，那就是它死的时候。现代社会很多人其实就是无脚鸟，得一刻不停地上班、学习、努力。你没有选择，因为趋势滚滚向前，根本不会停下脚步给你喘息。

二元价值观刚兴起的时候，身边好多朋友都心动了，都觉得自己为啥要活得那么累，干脆按照自己的心意活成轻松的自己。现在看来，他们终究没有活成那样，他们口上说着要游遍大好河山，拥抱诗和远方，可身体还是有规律地朝九晚五，晨起暮归。我们每个人都身处一条肉眼不可见的河流之中，河水推着我们前进，我们跟随着趋势前行，一刻也没有停留。

二

前进往往意味着改变自己，而改变自己往往又是痛苦的。

叛逆是年轻人的标志，叛逆的反义词是驯化，成年人都是被社会驯化后的动物。而年轻人则是野生动物，野生动物天然带有对规则和制度的蔑视，他们崇尚放荡不羁的价值观，推崇自由潇洒的生存信条。但是随着时间推移，野生动物也会被驯化，变成圈养动物，失去自由。

这个社会，越是制度化，越是有战斗力，所以牺牲个性成全共性是成熟社会必然的结果。商鞅变法之前，秦国是自由散漫的状态，整个国家都没有被驯化，稀稀拉拉，松松垮垮。商鞅来了，采用严刑峻法，发展农业、商业、军事，于是整个国家都运行在一系列制度之下，干农业的努力干农业，搞商业的积极搞商业，搞军事的卖力搞军事。规则让这个国家抛弃了随心所欲，丢掉了自由散漫，于是渐渐走向了富强。

一个遵守纪律，善于自我管理的人会成为强人；一个纪律有序，管理有法的公司会成为伟大的公司；一个纪律严明，被更高标准驯化的国家会成为一个伟大的国家。

商鞅变法充斥着各种规则，我们用辩证思维进行了去粗取精，得出了一个道理：年轻人你得站在更高的角度去看待社会规则，不要总觉得规则限制了你，其实规则有时也在成就你，也在保护你。走上社会有三点你得明白：

第一，你得学会服从。因为社会需要你这样，你的特立独行可以留在内心，但是在生存道路上你得善于服从。

第二，你得职业化，专业化。就像商鞅安排的那样，农民得种好地，商人得做好生意，你在自己的岗位上得做到出类拔萃，不能吊儿郎当。所谓职业化，包含三重维度，即能力的职业化，态度的职业化，道德的职业化。

第三，向更多的维度拓展，一点一点夯实自己的基础。一个人想要成为强人的关键就是善于自我管理，你把自己几亿个细胞调动起来打生存战争，你疏于对自己的高标准管理——你脑细胞不好使，神经细胞不好使，肌肉细胞不勤劳，骨细胞也不勤劳，你将终究一事无成。自律，自强，自信都得靠你自己，人，一定要靠自己。

当平衡格局发生变化的时候，你得积极地去适应变化，积极地强大自己，并跟上这个变化。有一个说法，当世界发生巨大变化的时候，能够生存下来的不是那些强壮的，也不是那些聪明的，而是那些善于跟随变化而变化的。这也是为什么恐龙会灭绝，而蟑螂会存活。

当发令枪响起的时候，你不能还在假装散步。因为那些甩开膀子奔跑的人会把你远远甩在身后，而你落后了，世界就不属于你了。

孤独你配吗

人生不会永远都是厄运，当失败对你毫无威胁之时，成功就慢慢地靠了过来。

我很孤独用英文怎么说？

一

电影《算死草》里面有一个场景，周星驰扮演的陈梦吉和徒弟吵架被徒弟羞辱后，伤心地问老婆：“我很孤独，英文怎么说？”老婆深情地望着他答道：“I love you.”

陈梦吉抱着老婆号啕大哭。看着陈梦吉如此悲伤，突然发现，原来孤独的时候，每个人都一样。

有个网友在看完我的书《且以温暖度余生》后，问我书里的故事都是真的吗？我不好意思地回答说：“故事不全都是真实的，但是大都有原型。”他听完叹了一口气，有点悲伤地说道：“很羡慕你饱经风霜依然心存温暖，我发现我的世界没有多少温暖，我活到如今都很悲伤。”

他说起了他的故事：幼年辍学出来打拼，去过广州，也跑过厦门，尝遍人间疾苦，人情冷暖，在他的世界里没有什么是很容易得到的，事业，尊严，包括爱情。在他人生面临转折的那一年，他遇到了一个令他心动的女孩。女孩子很善良，他很想和她结婚组建家庭，因为只有和那个女孩子在一起的时候，他才觉得自己不是在漂泊，内心才会有踏实感。幸福的生活只能依靠自己的努力，为了实现买房买车赢取女孩的美梦，他加倍努力，可是离目标还是很遥远，为了快速致富，他每天都在想办法，脑子都想疼了。最后看中了一个 P2P 理财，心想成败在此一举，可惜的是一夜之间，他不光没有赚到钱，还变成了一个一无所有的穷光蛋。女孩的父母觉得男孩没有在该有的年纪取得这个年纪该有的成绩，看不到任何的未来，所以不同意他们交往。而他的父母也觉得他投机取巧，多年来也没有一点出息，对他失去了信心。

“人生最大的孤独就是当你撸起袖子准备和魔鬼大干一场的时候，转身发现身后没有任何一个人支持你，而魔鬼的啦啦队中隐约有上帝的影子。”男孩悲伤地说道。

我很理解这位朋友的孤独，成年人的世界里更多的是两难问题和无解的问题。很多时候我们拼尽了最大的努力还是成绩惨淡，我们孤独无助，脆弱无处安放，不知道路在何方，但是还得做出坚强的模样。我告诉这个朋友：“没有什么的，曾经我也和你一样，感情失败，事业失败，做人失败，整个世界没有一个人理解我，包括父母，因为站在他们的立场，他们对我也有他们的期望。那个时候我默默地忍受了好几年，感谢那段暗无天日的岁月，它让我学会如何和失败相处。熬过去我才慢慢发现，原来孤独最大的好处就是让你真正地看明白自己。”

二

孤独很多时候并不是自发的，它是一种失败的分泌物，这种分泌物令人烦恼，但是怎么也摆脱不掉。孤独并不是原因，而是结果。

我们想活出有个性的自己，却不得不假装合群，我们不敢轻易向别人袒露自己的想法和悲伤，因为说了只会被当成笑话的对象。根本没有任何一个人能理解我们的悲伤，很多事情要自己默默承受，因为这是代价最小的自我保护。我们很害怕别人给我们出主意，因为我们知道自己需要的并不是这些。当你发现这个世界上唯一能倾诉的人只剩下自己的时候，那可能就是真正的孤独。

多年的孤独让我养成了闭紧嘴巴的习惯，我很少跟同事朋友父母分享我的焦虑，也不愿意上交我的问题。即使有些问题让我彻夜难眠，我依然将其锁在心门。“你没有必要像祥林嫂一样，唠唠叨叨没完没了，因为站在别人的角度人家也许也有一肚子的烦心事，每个人都有自己的困难，他们也希望看到阳光和笑脸。”

反反复复地向别人讲述你的落魄时光，以及内心的绝望，这样不成熟的你还需要成长。如果一个将领整天说他很孤独，那军队还会有战斗力吗？一个领导整天说世界不理解他的悲伤，那团队还能勇敢地面对明天吗？一个丈夫整天对妻子孩子哭丧着脸，那这个家庭还会充满欢笑吗？

成年人最大的成熟就是无论如何你得扛住责任，你得面带笑容，云淡风轻地面对孤独，这是你的角色要求，没有做到就是渎职。就像尼采说的那样，“受苦的人，没有悲观的权利”。很多时候我们早已经被剥夺了幼稚的权利。

经常出入医院，看到很多生离死别，很多时候脚步匆匆的我不会同情，而是冷漠。想起了鲁迅的那句话：人类的悲欢并不相通，我只是觉得他们很吵闹。很多时候絮絮叨叨的我们也是如此，我们觉得自己在释放情绪，而在别人看来就是噪音制造者。

落魄的时候，不要絮絮叨叨到处说，因为世界上从来没有什么感同身受。你的委屈都要自己消化和承担，把难过隐藏起来一步一步地成长。

扛下了所有悲伤，扛下了所有的孤独和迷茫，望着远方，做一个高昂的姿态，终有一天你会发现所有的狼狈都留给了昨天，所有的体面都出现在了明天。

三

孤独，是某个年龄段的必然经过。2016 年我去上海看望我多年未见的老领导，老领导很高兴，留我在他家吃饭，饭桌上他对我说：“来利，把你苏州的房子卖掉，在上海买一套，以后就在上海打拼吧。现在上海的房子还不算贵，这里还是有很多机会的。”我笑着点头说道："嗯嗯，我回头和对象商量一下。"其实心里早已经开始滴血了，就我那苏州的二手房，卖了在上海付首付都不够，怎么可能那么轻松。

我知道老领导绝对不是故意这么说，因为我很了解他。之所以这样说，是他以为我混得很好，足以承受很多，而实际却是我混得很不好。

越是长大，越是被赋予很多不同角色，而很多时候我们并不胜任那个角色，但是又不得不装作就是那个角色的样子，这样的掩饰虽然无奈，但是又别无选择。所以会觉得累，会觉得虚伪，没有办法，一个做不了真实自己的人当然很累。

很多人之所以害怕社交，并不是因为社交恐惧症，也不是心理障碍，而是在成年人的世界里，当你变成一个独立人的时候，你被强加了很多期望。而你的能力和社会地位又会将你沉淀成不同的阶级，那种无形的隔阂总让你不经意间受到伤害。

人是分阶级的，当阶级不同，你们是没有办法就很多问题达成共识的，你会变得另类。所以有句话说得很对：人穷莫入众，言轻莫劝人。待到成功后，把酒言初心。有的时候你得把自己的真实身份隐藏，过上了戴着面具的，和他人其乐融融的人生。

类似我老领导那样的对话，我后来还遇到过很多次，一开始还是心怀忐忑，后来心态早已淡然。但是我心里明白，当我努力向往着美好生活之时，依然需要加倍拼搏，我不能放弃，因为落后于人的地方还很多。

如果你问我：我很孤独，英文怎么说？我会大声地告诉你：Don't give up. 不要放弃，坚持下去，永远不要放弃。你得相信，曾经你一刻也忍受不了的孤独，多年后会被你笑着说出来，那些笑是为了祭奠被你打败的失败。

人生的路不会越走越窄

一

如果人脸的大小可以用住房面积来比喻的话，有的人是两室一厅，有的人是三室二厅，而马孟的脸无疑就是一望无垠的呼伦贝尔大草原。马孟是我的高三同学，是一个性格活泼的人。这个男孩子虽然长着一副只有他妈妈才喜欢的面孔，颜值也远低于同龄男子平均水平，但是因为笑容比较多，还是赢得了我们的欢迎。

高三学习很紧张，马孟是难得的开心回忆，给我们带来了很多欢乐。

2003 年发生了非典疫情，病毒十分凶猛。为了鼓励考生们战胜困难，勇敢向前，那些天考场广播里反复播放许美静的歌曲——《阳光总在风雨后》。

人生路上甜苦和喜忧

愿与你分担所有

难免曾经跌倒和等候

要勇敢地抬头

就是伴随着这样的音乐，我们度过了人生中第一次重大的考验。一个月后，宣布SARS病毒被消灭，而我们的高考成绩也出来了。马孟很不幸，他没有够到一本大学的分数线。

就在我拖着拉杆箱前往南京报到的那一年，马孟参加了新沂一中的复读，备战来年的高考。第二年，马孟王者归来，高分考上了南京邮电大学。来到南京以后，他瞬间把南京变成了他的主场，呼朋唤友，把酒言欢。他经常来我的学校找我玩，我们几乎中断了的友谊又被他接上了。

马孟交友广泛，有他在，再尴尬的局面都是欢声笑语。那个时候，我们五个人关系最好，我、马孟、蔡伟、韦欢、二子，经常一起吃饭喝酒。诚如之前文中介绍的那样，这个长着只有他妈妈才喜欢的面孔的少年，到了我们队伍一样颜值最低。我们经常开玩笑地说："马孟，你长得如此丑陋，肯定会是我们这里最难找到女朋友的。"

二

谁知道，没有多久就传来了马孟恋爱的消息，谁也没有想到他脱单的速度会这么快。

之前，我见识过马孟的“泡妞”功力，与其说是技术熟练，倒不如说是脸皮厚。那次我跟他在南师大喝酒，马孟喝完酒脸红红的，跟猴屁股一样。酒足饭饱没事干，他提议去上网，2004 年 QQ 正大火，每个躁动的年轻人都在网上交友，寻找世界各处的异性心灵伴侣。马孟上机后就和网上美女聊了起来，对于马孟的开拓进取，我很是仰慕。

聊到火热处，马孟在 QQ 对话框打下一句话：美女，要不我们视频吧，我想看看你长什么样子，你肯定美得让人忘记春天的樱花，夏天的雨荷，秋天的红枫，冬天的白雪。

几分钟过后美女回复道：好吧。

马孟一边戴上耳机，一边把他的“呼伦贝尔”朝向我：“来，看哥教你怎么泡妞，你学着点。”

我头点得像拨浪鼓。

“这都是小场面，你就等着喊嫂子吧。”马孟极其自信。

视频打开了，却不见佳人，马孟把头伸向屏幕中央寻找。他的眼在酒精的作用下布满红丝，青春痘退潮后留下的到此一游痕迹十分明显。他的脸塞不下整个屏幕，眼睛和嘴分别占据了屏幕左面、右面和下面。马孟对着麦克风说道：“咦，美女，怎么看不到你人。”对方却迅速把视频关掉了，马孟赶紧在对话框中打字道：你怎么掉线了呀？对方没有回复，马孟气愤地骂道：“什么破网吧啊，信号太差了吧。”我心中大惊：这根本就不是信号的问题好不好？肯定是被你的鬼样子吓跑啦。

我把人分成两种，第一种是敏感的人，第二种是不敏感的人。马孟就属于第二种，就是当你把嫌弃都挂在脸上了，他依然觉察不到。也许正是这样的性格才能让他忽视人际关系中的摩擦，交到更多的朋友。

三

这段插曲足以证明马孟的手段并不高明。所以当马孟带着他的女朋友出现在我们面前的时候，我们对他佩服得五体投地。马孟脸都笑出褶子来了，他奔跑起来步伐轻盈，他与地面的欢快撞击仿佛发出了叮当作响的声音。

马孟的女朋友叫李静，是盐城人，在南京气象学院读书，她很漂亮也很文静，是一个很质朴很简单的女孩子。那天在饭桌上吃饭，李静的话很少，一直都是马孟在发言，这家伙唾沫横飞，喷得每一道菜上都是。

爱情故事逐渐浮出水面：马孟来南京后，经常去浦口找同学玩，偶遇李静，很是喜欢，就展开了歇斯底里的追求，锲而不舍地将脸皮厚的精神发扬到极致，终于将李静变成了他的女朋友。

有了爱情之后的马孟还是发生了不少变化，其中最大的变化就是他开始钻研起赚钱了，书也不好好读，连英语四六级考试都懒得去应付。曾经酷爱学习的少年拥有了爱情之后，变成了一个不爱学习的人，变成了一个弄虚作假的人。

四

大学毕业后，马孟选择了经商，跟着他的叔叔做起了LED，李静进入了南京新街口一家商场做了会计。他们在浦口租了一间房子，过起有模有样的小日子。看着他们在电磁炉上做饭的样子，我都误以为他们是多年的老夫妻。对于清贫的年轻人来说，爱情迎来的考验其实很多，穷人的麻烦接二连三，连绵不断，这点我深有体会。而愿意陪着对方吃苦的爱人其实很难得，从那个时候我就开始意识到，李静这个女孩子不简单。

2009年马孟打电话给我，问我有没有律师朋友。原来他和人合伙做生意，合伙人借了他十多万的钱，不还，跑了，他只得动用司法程序。后来法院判马孟胜诉，但是执行却并不顺利，被告人没有钱，成了老赖，马孟一脸的惆怅，要不到钱这个官司打了也是白打。

欠债人被法院拘留十五天后放掉了，法院的人对马孟说："你以后留意他的经济状况，发现有钱了就联系我们，我们对他强制执行。"

但是，一旦放了人，哪有那么多时间去追踪啊，这是马孟第一次重大的失利。

而不幸似乎并没有到头，另一个更大的考验很快就来了。2012年，马孟带领他的团队施工的时候，设备漏电，一个员工被电死了。因为是公诉案件，马孟被逮捕了，不久后被判了缓刑。我接到韦欢电话的时候，判决书都已经下来了，韦欢说："来利，你有多少钱，都转过来吧，马孟还牵涉到民事诉讼，要赔偿受害人家属几十万，大家都帮他凑一下吧。"

庆幸的是马孟身后站着一个坚定的支持者，那就是他的爱人李静。李静很顽强，她一直帮着寻找解决办法，而不是一味抱怨，更没有大难临头各自飞，她成了马孟在危难关头最重要的依靠。

人生考验来得凶猛，不光考验马孟的生存技能，也在考验他亲人的忠诚，而爱人李静无疑是经得住考验的。

2012年，风波已经平息，日子恢复平静。再去南京的时候，他们搬到了雨花台附近，租了一间更大一些的毛坯房。经历两次失败，马孟性格比之前闷了些，没有那么多的话了，岁月终究会让人改变。但很可喜的是，经历过大风大浪，他们的感情并没有受到影响。

李静给马孟起了个外号"炮炮"，她满屋子地喊："炮炮，吃饭了。炮炮，去买瓶醋。炮炮，帮我把韭菜摘摘。"

吃饭的时候，李静摸着马孟的头说："炮炮，晚上好好干。"那天出门后，我跟马孟开玩笑："你媳妇也太开放啦，这事都不避人。"

马孟不屑回道："脑子想啥玩意呢，她叫我晚上去酒店安装LED的时候好好干啊。她叫我炮炮是因为我外号马后炮，简称炮炮，马后炮啊。"

我恍然大悟。

人生不会永远都是厄运，当失败对你毫无威胁之时，成功就慢慢地靠了过来。马孟和李静在南京买了房子，虽然面积不大，但是毕竟有了属于自己的家，他们的苦日子终于熬到了头。

马孟翻身之后，算不上大富大贵，顶多算是小康。一次我去南京，李静炒了一桌子的菜招待我，吃完饭后她趁马孟不在场，问我："来利，你知道XXX吗，在南通的，是马孟的干妹妹，最近马孟和她联系挺频繁，还去南通找过她。是不是有问题啊，他俩？"

我愣了一下，XXX是我们高三的同班同学，是一个非常美丽的高傲女生。毫不夸张地说，她在我们高中曾经是很多男孩的暗恋对象，我也在暗恋者名单之中。

我笑着对李静说道："嫂子，你放心，我可以跟你保证，她俩一点问题也没有。"心里却苦笑：就马孟这种歪瓜裂枣，破铜烂铁，也只有李静把他当个宝贝疙瘩，生怕丢了似的小心珍藏。

曾经我以马孟为原型，创作了一篇十九万字的小说《对赌协议》，我在文中写道：人生是和未来的自己签署《对赌协议》，并将之实践的过程。机遇总有来临的那一天，不管之前的路多么难走，余生的路，不会越走越窄，只会越走越宽敞！

我们不一样

一

如果生活只对我一个人残忍，我会很难过；但是如果生活对所有人都冷酷无情，特别关照了我，那我反而会心生安慰，嘴角甚至会露出蒙娜丽莎般的微笑。

大学毕业后，我一直辗转于上海和苏州。做医药销售最大的好处就是能够看到很多疾病，这会提醒我保护身体的重要性。2010 年在上海做抗生素，在四院急诊 ICU 遇到过一个病人，细菌培养结果显示，他体内的致病细菌对目前所有已知的抗生素都耐药。我当时卖的是抗革兰氏阳性菌的王牌药替考拉宁，而抗革兰氏阴性菌的王牌药叫万古霉素，这两个药物的联合搭配可以消灭所有已知的阳性和阴性细菌，是抗菌的王牌搭配。而这个病人用了王牌搭配后还是高烧不退，医生出病房后直摇头：“太可怜了，唉，只能交给上帝了。”

2013 年在苏州的时候还碰到过一个病人，肝硬化，刚做过手术，身体还在恢复期。医生提醒病人家属，不要给病人吃蛋白质食物，家属嗯嗯点头。可是，医生的话他们并没有听进去，患者的母亲觉得儿子动了这么大的手术，开肠破肚的，要吃点好东西补补身体。她见儿子气色不错，就烧了一份他最爱吃的红烧鱼，那天患者吃了一块手指甲大小的鱼肉，就痛得在床上满地打滚，呼天抢地十分痛苦。当医生得知是家属私自给吃了鱼肉后，勃然大怒，吼道："你知不知道他的肝脏根本消化不了啊，你这是在害他！"最后还是通过手术取出了那块鱼肉。

所以说，身体好，才能带着好的心情去经营自己的人生，而身体不好的话一切都变得虚无缥缈，就像松软的沙滩根本盖不成任何高楼。

二

2014 年，在苏州，团队里有一个叫高妹的姑娘，这个女孩子性格大大咧咧，喜欢穿宽松的衣服。她很喜欢旅游，经常在朋友圈晒她满世界跑的照片。因为消费高，所以她很缺钱，经常跟我们哭穷——有没有副业做啊，介绍给我啊，我要赚钱，我穷死了。

我那个时候有个副业，但是我的副业并不是以赚钱为目的。我利用空闲时间，建立了一个 QQ 群：苏州乙路同行。跟踪乙肝患者服药后的情况，这样既可以给医生提供一些更好的建议，又可以防止患者中途换药。乙肝是一个需要终生服药的疾病，每天都需要按时按量服药，不能随意停药，所以每个病人都要计算好自己的药物库存，一旦发现药物不够了，要及时去医院配。

陆续有一些人加入群里，有的人是因为工作比较忙，没有办法及时来医院配药，他们会私下询问我可不可以帮忙，如果时间不是特别紧张，我也会去医保药店帮他们配一些，以解燃眉之急。

一天晚上，我在电脑边做我的报销表，一个女孩加我，她在QQ 请求中写道：请问群主，能帮我一个忙吗？

验证通过后我问道：我能帮你做什么呢？

她没有直接回答，而是反问我：请问你是做慢乙肝药物的对吗？

我回答：是的啊。如果你需要我帮你推荐医生的话，也可以，传染病医院的医生我都认识。

她回道：不，不需要，你能帮我一个其他忙吗？是这个样子的，我下个月有一个入职体检，你能叫一个女孩子来替我做抽血吗？不过你放心，我会给你一千块钱作为报酬的。

为什么不抽自己的血啊。

女孩子说：我得了乙肝，体检过不了。现在公司对这一块有要求，我实在没有办法了，不然的话我就得辞职。

我愤怒了：现在国家不是不允许对乙肝病人有歧视性检查吗？你去劳动部门起诉你公司呀！

女孩回：小公司，没有办法，多一事不如少一事，我现在还有孩子要抚养，我不想闹大。你能帮我这个忙吗？

这个女孩有慢性乙型肝炎，生孩子的时候做了母婴阻断，所以她的孩子很健康。如今她因为生活所迫，需要一管“干净”的血液来帮她渡过难关，保住她的饭碗。

我想到了同事高妹，她缺钱花，也负责女孩体检的那家医院，她肯定愿意帮这个忙，于是我回复道：这样吧，我帮你问问，正好我们有一个女同事负责那家医院，我晚一点答复你。

三

当我打电话给高妹的时候，她刚刚结束一趟旅行，对于这个多彩缤纷的世界，她尽量用最大的热情去拥抱它。我在电话中说道：“给你介绍个好生意，现在有个女孩要做入职体检，就在你负责的医院抽血。你上班的时候过去替她抽一管血，就可以拿一千元，怎么样，这个好人好事还不错吧。”

我以为高妹会高兴地满口答应，没有想到她想也不想就拒绝了我：“你让她去找别人吧，这个忙我帮不了。”

我很纳闷，追问道：“为什么呀？那个女孩子蛮可怜的，在QQ上求了我很长一段时间，我觉得她真的是没有办法了。”

高妹沉默了一会儿，似乎下了很大的决心，才说道：“我非常能理解她的感受，并不是我不想帮她，如果能帮的话哪怕不要一分钱都可以。可是我也有乙肝，我的病毒检测还有一千多单位。”

“真的假的啊。”

“嗯。这个事情你别告诉其他人呀。”高妹叮嘱道。

挂了电话之后，我好久没有缓过神来，有一种说不出的苦涩感。毕淑敏说：我一直哭，哭我自己没有鞋子穿，直到有一天我发现有一个人没有脚。人生不顺的时候我们总以为自己是最悲惨的，但是我们并不知道其实有人比我们还不幸。

孤独，这个词这些年渐渐流行开来，就像青春一样，谁不缅怀一下？然而面对高妹这样的女孩子，尼采的那句话对我似乎最合适：孤独，你配吗？

是啊，配吗？

说实话，那一晚的对话其实很大程度上影响到我后来的人生。从 2013 年开始，我的人生路每一年都走得很不顺利，每一年都特别难熬，2013 年是感情问题，2014 年变成了事业问题，2015 年经济问题，每次问题出现都逼得我睡不着觉，吃不下饭。但是即使人生再困难，我都暗自给自己鼓劲——你有什么理由自怜，你看谁不是在笑着苦撑，谁的人生是一马平川呢？

我的顽强，并非我可以战胜困难，而是我知道，比我困难的人还在努力生活。

我从来不奢求自己的能力出色到一枝独秀，但是面对不如意的人生，我会及时调整自己，因为我知道，我其实还是幸运的，至少我还有健康的身体，我跌倒了，仍旧可以爬起来，我的人生并没有那么糟糕。

顾此失彼的狗

一

曾经我们都为了心中一个“高大上”的目标，活成了狗的样子。

中国古代有一个叫有为的年轻人，在他二十七岁那年，接受了去敌国的敌国搞外交的任务。前路凶险，有为还是毅然决然踏上了征途。但是很不幸的是，路上他被敌军俘虏了。敌军没有杀他，而是将他软禁了起来，为了安抚有为，敌国首领恩准他娶了他们国家的一个姑娘，组成了家庭，而这一软禁就是十年。

十年如此漫长，足以磨灭很多人的斗志，但是有为却并没有放弃，他在耐心等待时机。终于机会来了，一次暴动给了他机会，逃跑的时候，妻子就在他的身边，虽然意识到丈夫的远走意味着什么，但是她什么话也没有说，目送他消失在了远方。

出逃后，有为没有返回祖国，而是继续踏上征程去完成十年前的任务。一年多后，有为顺利完成外交任务返程，他精心设计了路线，但是不幸的是，归国途中他再次被捕。敌军首领还是没有杀他，而是再次把他放回了家中。见到丈夫归来，妻子高兴地扑进了他的怀抱，日思夜想的丈夫终于回来了，她的家庭终于又完整了。

这次波折依然没有打消有为的决心，他依然耐心地等待着机会。苍天不负有心人，有为再次等到了难得的出逃良机，准备再次趁乱出逃。这次妻子没有放任他一个人远走，而是带上了所有的行李，跟着丈夫一起跑了。在她看来，家并不是房子和马车所在的地方，伴随丈夫左右，脚下的每一寸土地都是自己的家。

有为带着妻子回到了他的祖国，皇帝很感动，赐予了他很多荣誉，有为苦尽甘来，功成名就。但是有为心里知道，自己之所以能咬牙熬得过那么多的孤独和磨难，多亏了身边这位不离不弃的爱人，他内心感恩，对共过患难的妻子也珍重无比。

有为在历史上的真实名字叫张骞，而他的那个匈奴妻子并没有留下什么名字，但是我相信很多落魄男人的人生中都渴望有这么一个姑娘。

而多少年轻人把时间都留给了事业，忽视了身边最亲爱的人，当时间催化出另外一种情感时，很多故事不可避免地被改写了。这个世界是动态的，每个人都在用自己的方式提高各自的生活质量，你有你的追求，我有我的梦想。也许，我们都曾经做过一条狗，顾此失彼，活在别人未完的故事之中。

二

人类越是歌颂一种动物，也越会去贬低这个动物。狗的身上也有很多不好的词汇，比如：狗腿子、狗仗人势、狗眼看人低、狗嘴里吐不出象牙……狗为人类发泄不满情绪付出的实在太多。

《芙蓉镇》是一部很好看的电影，曾经有一段时间我很喜欢它，数次看到泪奔。电影中有一句台词深深地激励了我：活下去，像狗一样活下去。

故事虽然很悲惨，但是结尾还是圆满的。

谁没在成长的道路上走过一段坎坷路？苦难是每个人成长道路上都必经的课题，面对苦难，每个人都在咬牙忍耐，都在舔着伤口让自己变得更加顽强。不要觉得只有自己最悲惨，我们不过是苦难众生中的渺小一员。知道了这些，当身处逆境的时候我们应该安慰自己：我要活下去，像狗一样认真地活下去。这场考验别人都交了及格卷，我不能交白卷。

努力，咬牙努力，克服困难，咬牙克服困难，只要你心中不放弃，你的明天终究会迎来无限光明。

三

每一个苦尽甘来的人身上都会带有或多或少的戾气，从前有多卑微，成功后就有多苛刻。

行走江湖，郭德纲的三句话很有意思。第一句话是：出来卖，脸朝外。老郭想表达的意思是：如果你想吃演出这碗饭，你得把脸朝外着，人家夸你你得听着，人家骂你你也得擎着。

年轻人，一方面你得加倍重视你的战斗力建设，另一方面要把心态锤炼好，既能顶得住压力又能受得了侮辱，这样才能成长为一棵参天大树。就像练习搏击，你除了练习高超的进攻手段，还要练好百折不摧的抗击打能力。

第二句是：你再珍惜自己的羽毛，还是有人会把你骂得狗血喷头。即你再怎么出色，照样会有人批评你，把你说得一无是处。

这个世界，无论你做什么，都不可能赢得全世界所有人的赞扬。你再珍惜自己的羽毛，再器重自己的才华，也会有人骂得你抬不起头。认识到这个现实，你就应该积极行动起来，锻炼好心理承受能力，不要和负面的评价过多纠缠。当你心态足够强大，足够自信，能够轻松化解一切敌对意见的时候，你将不会被任何的负面评价所打败。

第三句话也是郭德纲说的最解气的一句话，也包含了他对于苦难的理解，“当年我想给人家做条狗，人家不要，结果活生生地把我逼成了一条龙。”

梦想不是空想出来的，梦想是拼出来的。

纠结是一种病

一

纠结源于妄念，这种妄念无解。所谓妄念就是你明明知道做了一件事情必然会导致另一种你不想看到的后果，而当那个后果真的出现的时候你却难以接受并且幻想这个后果不属于你。

每个人都会纠结，也经常陷入选左不正确，选右也不对的尴尬境地。其实左和右都只是一种选择，之所以都不能接受，那是我们自己心态的问题。纠结让一个人成功避开了舒适的心情，进入了痛苦的漩涡之中。

纠结是一种病，一种现代人都会犯的病，这种病最大的表现就是跟自己过不去，自己给自己找不痛快。

一次跟大学同学吃饭，他提到了刚上任的新领导：新领导刚从别的部门提上来，对于内部事务不是很熟悉。因为资历比较浅，管理经验比较缺乏，他总是在一些问题上让人觉得他在犯纠结病。比如，他既想和下属们走近，又担心走得太近下属们不把他当回事；既想严厉约束下属认真工作，又担心下属们背后骂他苛刻；既想和上级领导保持紧密联系，又担心别人说他拍领导马屁；既想把事情往优秀的方面去做，又整天觉得自己能力不济，下属不帮衬，做不成功。

他小心翼翼，敏感且多疑，对自己的原则也失去了方向。

大学同学说：“我看着他这样都心痛，唉，不知道他到底要干什么！不过他倒给我提供了一面很好的镜子，镜子照出来的我原来也是如此。以前生活中我也很纠结，每次都是折磨自己，每天都没有好的心情。而现在清楚地看清了自己，才发觉原来纠结的人是多么的愚蠢。”

那些既想去旅游，又担心工作荒芜的人；既想美餐一顿，又担心脂肪堆积的人；那些既想彻底放松下自己，又担心学习成绩会被落下的人；既想和爱人牵手结婚，又担心婚后被辜负的人也都是满脑子妄念。这种妄念是贪婪在作祟，生活也变得一团糟。

二

纠结除了来源于贪心——什么都想要之外，还有一种自卑心理导致的无法取舍。一个不自信的人生，总是在纠结的道路上迷失方向。

曾经我有一段时间不知道该如何跟客户相处，怕说错了某一句话让他误解了我的意思，我反复思考，认真斟酌，终于想好了我认为最恰当的话语，谁知道说出去后，客户毫无反应，我又开始慌了，又开始纠结，是不是我表达的意思还是让客户误解了？否则他怎么没有正向反馈呢。

纠结的人往往容易患得患失，他们很在意别人对自己的评价，也希望自己能在别人心中留下良好的印象。

契诃夫的小说《小公务员之死》就讲了一个纠结的故事，俄国一个叫伊凡的庶务官，在看歌剧《科尔涅维利的钟声》的时候不小心打了一个喷嚏，打在了坐在他前面的布里扎洛夫将军头上。伊凡赶紧向将军道歉。将军看歌剧入迷，就回复道："没什么，没什么。"伊凡开始纠结起来：是不是将军不原谅我啊，万一日后给我穿小鞋怎么办？于是他又把头凑了上去，继续道歉："对不起将军，我真的不是故意的，每个人都会打喷嚏，我没有忍住请你原谅我。"将军有点不耐烦："你别说话了，好好看歌剧吧。"这本来就是正常对白，伊凡听后心里又开始纠结了：唉，将军肯定生气了，要不然不会这么不耐烦。歌剧结束后伊凡又来到将军身边，再次诚恳道歉："将军请你一定原谅我，我真的不是故意的。"将军有点恼火了，说道："我都忘记了这事，你怎么还总是提它呢？"伊凡回家之后想到将军的冷漠态度，寝食难安。第二天一早他来到将军的家，敲开了将军的门："将军，我还是想澄清一下，我可能冒犯了你，但是那个喷嚏我真的不是故意的。"将军一脸冷漠，没有理他，冷冷地关上了房门。伊凡回家后心里翻江倒海，看来那个喷嚏真的让将军生气了，你看他现在都不理我了。伊凡决定做最后的抗争，于是再次敲开了将军的门，话还没有出口，将军揪住了他的衣领，生气地朝他吼道："你给我滚蛋。"

伊凡踉踉跄跄地回到了家，他的心中终于有了答案，将军对那个喷嚏耿耿于怀，一定不会善罢甘休。当天晚上伊凡被吓死在自己沙发上。

伊凡多像纠结中的我们啊。

三

破解纠结最好办法就是放平心态：做好我自己，尽力了就行，不对别人的想法做过多揣测。至于结果是什么，不做过分解读，完全接受并保持心态平和。

我们不可能做到什么事情都让别人满意，如果因为我们做到了自己的最好还让自己因为纠结而陷入不愉快的话，我认为就太不划算了。

过于纠结，一则是断送了自己的好心情，二则是导致自己动作变形，这样别人也会跟着受到影响，反而会在人际关系博弈中让对方误判，从而导致更大的误会。

人生路上会遭遇到许多不幸，挫折，失败，打击，痛苦，孤独等，当你放弃纠结时，心灵就会得到解脱，就不会自我设限。懂得衡量事物间的利弊得失，不过于强求自己，不过于委屈自己，步伐轻盈地走向明天。

不断前行会看到不同的风景

一

人在不同的年龄段，会看到不同的风景，也会有不同的心情。

晓伟是我的高三同学。高三的时候，晓伟喜欢上了坐在第一排的一个女生。因为爱慕，晓伟变得卑微起来，女生对他大呼小叫，他也不吭声，这样的状态一直持续了一年。一开始我觉得晓伟很傻，时间长了还是被他的真心付出打动了，内心佩服地竖起了大拇指：痴情傻汉子。

那个时候，晓伟很喜欢听小刚的歌曲，录音机中也循环播放着小刚的磁带，什么《吉普赛情人》《蓝色土耳其》《记事本》《黄昏》等，青春且灿烂。这个小伙子，怀揣着对明天的美好向往。

二

2003 年高考，晓伟落榜了。在复读一年后，他考入了南京信息工程学院，这所学校也在仙林大学城，和南中医隔了一座山。到了南京后，晓伟还是高中那一套活法，老实低调，一股文青范。

他跟着二子学习吉他，经常在宿舍自弹自唱：我的爱，赤裸裸，你让我身不由己的狂热……虽然唱得不好，嗓音也难听极了，但是他心潮澎湃，觉得和潮流也接轨了。那个年代的男孩子，喜欢弹吉他大都并非因为热爱音乐，而是为了吸引女孩子的注意。

那段感情在步入大学之后无疾而终了，也宣告了晓伟“只要功夫深，铁杵磨成针”的战略破产。爱情是两情相悦，有了感觉哪怕只有一秒也会心动，没有感觉就是磨了一年都没办法融化坚冰。

三

大学毕业后，我去了上海，成“医药贩子”，晓伟进了昆山的一家电子公司，成为工程师。我们互动很少，一度中断了彼此的联系。在生活的舞台上，我们遥望于江湖，为了各自美好的前程，都在拼搏着青春，挥洒着汗水。

2013年11月25号，感情破裂的我躲到了常熟，那段时间我生活非常压抑，为了麻醉自己，经常喝得昏天暗地的。我不想和任何朋友联系，也不想和父母通电话，我体会到了真正的孤独。有一天，我翻着手机，翻到了晓伟，就把电话拨了过去，想找久未联系的老朋友聊聊天。

电话中我向晓伟倾诉了我的事情，我将自己的委屈和无奈，以及对前任的种种不满都吐了出来，晓伟默默听完后无奈地叹了一口气："来利，说实话，你在做决定之前就应该打电话给我的，也许你早打给我，你们俩就不会分了。其实我碰到的问题和你一模一样，我非常理解你的心情。坦白地说，结婚这么多年，我比你还难，比你还苦，之所以咬牙坚持下来，就是为了孩子，如果不是为了孩子，这种日子我早就不过了。"

晓伟没有给我讲人生大道理，也没有指明我的过错，而是将心比心地告诉我生活其实都充满了磕磕绊绊，每个人都在负重前行。人生到了一定年龄段都会遇到很多的麻烦，生活其实并没有多么浪漫，生活有时是杀人不见血的刽子手，残忍无边，每个人的生活都曾经血流成河。

当我认为自己熬不住了想放弃的时候，晓伟还在坚持，2013年，晓伟的这通电话是我记忆中最宝贵的温暖。

四

2014 年 12 月 24 号，晓伟打电话给我，声音有点低落，他沉重地叹了一口气说道："来利，我遇到了糟心事，出门我就想找个人聊聊，第一个想到了你。"

"怎么了啊兄弟？"我知道晓伟肯定发生了什么事了，想找个人倾诉。

"前天我骑着电瓶车在路上正常行驶，一个女的快速地从我身边骑过，不知怎么她就摔倒了，恰巧这时从后面来了一辆挂车，从她的身上轧了过去。本来我已经骑出去很远了，但是我担心那个女的发生什么意外，就停下电瓶车返回将那个女的扶了起来，扶的时候感觉到她的身体软了，意识到出了大问题，我赶紧摸起手机打给 120 和 110。"

"警察来的时候我做了笔录，把我的联系方式都记下了。我走后第二天，警察打电话传唤我过去，问我是不是我把那个女的撞倒的？我想了想解释说，当时那个女的车子可能擦了一下我的车子，但是她受伤的责任不在我。"

"最后他们认定这事情我有责任，说我涉嫌交通肇事，需要赔偿。我哪有钱啊，我银行卡里只有一千块钱。我只得拿起公安局的座机给家里打电话。我第一个联系的人是我媳妇，一天前她刚回的徐州老家，打了她无数个电话她都没接，后来好不容易接通了，我跟她说：‘我出事了，现在在昆山派出所里，你提前回来吧。’谁知道她冷冷地回了一句：‘我不管，你自己的事情你自己处理。’然后冷冰冰地挂了电话。”

说完后晓伟鼻子开始呜咽：“说实话，我心都凉透了。俗话说患难见真情，我把这个事情在公司微信群里说了一下，那天我的电话都打爆了，全部都是关心的电话，但是我媳妇一个电话都没有打来，我都搞不懂这样的老婆留着干什么。”

“我妈和我姐知道我出事之后来昆山看我，拘留期结束后我回到家，看到他们在楼下寒风中瑟瑟发抖。我问他们怎么不去家里，姐姐叹了一口气。后来我才知道，我媳妇又因为我的问题和我妈我姐吵架了，她说这是她的家，不让她们进门。这已经不是她第一次对我家人这个态度了。看着我姐哭肿了的脸，我火气一下子蹿了上来，攥起拳头想冲进家里找她算账，我当时就想跟她离婚，但是被隔壁邻居拉开了。这日子我不过了，我没法跟这种人过下去了。”

晓伟的无奈我听得真切，这个被生活压抑的汉子也是一肚子的委屈。生活战场上我们都曾是残兵败将，晓伟此刻也被生活蹂躏得十分狼狈。

五

2018 年我去找晓伟喝酒，晓伟烧了几道拿手好菜，吃饭的时候，他抱着他的女儿，开心地聊着天，父女俩相处得非常和谐。小朋友高兴地大声喊道：“爸爸好久没有做这么多好吃的菜了。”

我听后眼睛泛起了泪光，说实话，我很了解晓伟的经济状况，这个身着朴素的男人把他能奉献的一切都奉献给了这个家庭，他的身上散发着饱经风霜的味道，连我女朋友孙鹿鹿都说：“晓伟的身上能够看到岁月磨炼的痕迹。”

确实，为了他的家庭，这个老实男人付出了最大能量。他并不强大，甚至有点渺小，但一个渺小的身体也会因为责任而爆发出惊人的能量，这就是平凡生活当中真正的顽强精神。

女儿是晓伟的精神支柱，女儿淡化了他生存的痛苦。为了女儿，再大的苦在他那儿都不算什么。一个努力前进的生活者，也许他这辈子看不到别的希望了，唯一目标就是让女儿过上好日子。

对于媳妇，晓伟并没有以牙还牙。媳妇生病了，晓伟请假陪她去医院看医生，做检查，还买了很多药。这个忠厚的男人，勇敢地承担了作为丈夫的责任。在一次酒后他叹气着跟我说道：“唉，她也不容易，有的时候我脾气也急，我也有过错。”

生活是没有办法用一个简单的词就能描绘清楚的。人生路上，磕磕绊绊，满是辛酸，人生是一趟没有返程的旅行，不断前行，会看到不同的风景，不管美不美，都组成了我们的生命。

保护好自己的棱角

一

一直以来，我们被灌输的成才模板都是德智体美劳全面发展，就像从小经历过那么多次考试，最后一枝独秀的都是那些语数外生理化等全面优秀的人，而很多偏科的人都被扫进了垃圾堆。

“你有优点不重要，重要的是你不能有缺点。”这似乎成了社会选拔人才的标准，曾经我们对这一规则持有异议，但是没有用，我们改变不了游戏规则，只得低头继续被这个规则左右。

可是，活着活着我们渐渐发现，这个规则似乎正在被一种神秘的力量推翻着。《堂吉诃德》里面有一句很著名的话：当火枪被发明之后，一个懦夫可以杀死一个英雄。

网络的扁平化，破坏了传统“打怪升级”的模式。直播来了，造就了一批网红；快手来了，又造就了一批致富先锋；抖音来了，一批有特色的人又莫名其妙成了大众追捧的偶像。

传统的评价模式对英雄的要求是立体的，全方位的，而当今社会，你棱角越突出，某个方面越出类拔萃，越独树一帜，你就越容易成为英雄。

二

时代需要棱角，我们也要保护好我们的棱角。我很喜欢用“闭目狂奔”来形容我前十年的人生经历，没有人生目标，把自己人生的决策权和话语权交给了别人，一路按照别人的指示行走，经常为自己的跑偏而自责，生怕掉了队成为一个孤独失败的行走者，人生走向了歧途。

其实回头一看，歧途恰恰就是亦步亦趋，按部就班，没有了自己的风格。从接受教育的第一天起，我们就像工厂里面的罐头一样，被批量化流水化生产，罐头随着流水线前行，到了消费者的手中，消费者看到的都是一模一样的产品，就像企业家看到现在的大学生一样。

没有棱角最大的原因在于我们只按照流水线行走，而忽略了内在独有品质的提升。我们从来没有给自己真正定过位，不知道自己将要成为什么样的人，更不知道怎么样努力才可以让自己成为那样的人。

步入社会后，我们努力让自己同化，为了合群不断打磨掉自己本来光芒四射的棱角。为了生存我们向规则屈服，听从所谓的“意见领袖”，去适应规则，因为这是社会发展的需要，需要口号一致步伐一致。

步入社会这十多年，我待过很多家公司，见过形形色色的人。我见过一些不懂行的领导，为了掩盖内心的虚弱，将声音提高到更大分贝；我见过一些没有立场的同事，竖着耳朵去听和自己意见一致的声音，而不管那些声音有没有节操，是不是正确；我见过一些有私心的老板，为了让自己的权威高高竖起，用一些胡说八道的话语向员工们传达所谓的真理，一批愚忠的人被套牢，从此成为没有了自己思想的机器。我还见过很多作者连自己的人生都经营不好，却忙着价值观输出，给你出很多他认为正确的主意——你应该这样，你应该那样，其实那些话语并不能帮到你。

这个社会充斥着很多这样的思想和话语，你得学会甄别和取舍，很多时候并不是你错了，而是你置身于一个格格不入的环境之中，你无形中被催眠了。这个时候你要思考环境给你的定位以及你对自己的定位，很多时候矛盾的发生并不是因为是非问题，而是当你想当一头狮子的时候，你却站到了老鼠的队伍里，而老鼠们只会教你怎么正确地偷粮食。

《乌合之众》也告诉我们，我们从小读着同样的一批书，听着同样内容的课，会造出一群拥有相同思维的我们。应试教育都在向我们灌输一个道理：你做什么不重要，重要的是要把那件事情做好。很多人恰恰利用了这一点，他们重申这个道理，只是为了让我们相信我们此生唯一所追求的就是要把一件小事做到完美极致，仅此而已。

个人选择的重要性被有意忽略，独立思考的本领被打入冷宫。当你人生的选择权都不被自己掌握的时候，你越努力，你就越像奴隶。你没有自己的棱角，你变得麻木不仁，你如行尸走肉一般，越活越没有灵魂。

你羡慕那些有棱角的人，可是你却为了生存磨去了自己的棱角。

三

一个时代最大的宽容是包容那些不同棱角的人存在，当今是一个求异的时代，你越是保持独立的风格，越能在人群中被一眼认出来。

棱角就像鹿角，主流思潮会让渴望融入主流的鹿儿废去鹿角，然后混在一群马中，冒充是马，时间久了他们也以为自己是马，可是当马儿奔跑起来的时候，被远远甩在身后的他们才仰天长叹：我好失败，我好孤独，我好没用。

肖洛霍夫因为《静静的顿河》获得了诺贝尔文学奖，名声很大。苏联全面肃清反革命时期，杀了很多人，肖洛霍夫也被人举报。斯大林知道这件事后，接见了他，一见面就严厉问道："肖洛霍夫，听说你在和人民与国家为敌，是这个样子吗？”

肖洛霍夫苦笑着说道：“斯大林同志，我给你讲个笑话吧。在一个大森林里，有一只兔子正在疯狂地奔跑着。一只狐狸看见了它，就非常奇怪地问道：‘兔子，你为什么这么疯狂地奔跑啊？’小兔子气喘吁吁地说道：‘没办法啊，有人在后面追我，要给我钉马掌。’狐狸听后，更加奇怪了：‘你明明是只兔子，他们为什么要给你钉马掌呢？’兔子无奈地摇头：‘唉，我当然知道我是兔子了，但是我要是被他们抓到了，我是不是兔子就由他们说了算了啊。’”

斯大林听到这里哈哈大笑。

很多有话语权的人毁灭别人的方式就是通过指鹿为马，其实这个故事也告诉了我们另外一个道理：“很多时候，我们都像那只被撵得停不下来的兔子一样，我们一直在奔跑，一直在改变，改到最后身心疲惫，还认不出来自己到底是谁。”

一刀切的价值观到底毒害了多少人？从小学开始，那些考试考得分数低的人就被老师打上了没出息的马掌，到工作后没有完成公司业绩的员工也被钉上了没前途的马掌。这样的事例数不胜数，多如牛毛。

而很多不愿意被负面评价的人也开始改变自己，无论小白兔还是大黄狗都为了合群钉上了马掌。马掌打上，小白兔也要迈着小短腿，冒充骏马，玩命奔跑，不分昼夜。很多人都觉得一生很累，没有办法，他们根本就没有日行千里的能力，他们只是一只小白兔。

我很爱提马谡，马谡如果做了大学教授，应该是个优秀教师，毕竟“七擒孟获”战略思想让人们看到了他的能力，谁承想被放错了位置，诸葛亮明明知道他是小白兔，偏偏让他硬着头皮上了赛马场，结果，马谡死了，被砍头了。

我想到了国内一位民谣歌手在成名后说过的一句话：“如果说我之前是傻子的话，我现在也是傻子，我没有改变，改变的是你们的评价标准。”你得做一个有棱角的人，直到有一天你的棱角光芒四射，世人为你改变评价标准，夸赞你是一只很有魅力的兔子。

经历了人生中很多事，我悟出了很多，我也不再逼着自己去紧跟步伐，我有自己喜欢的，就要捍卫它，即使做不了一个成功的自己，我也在努力地塑造我个人独特的风格。在内心深处，我还得有自己的独立信仰和人生哲学，我已经明白：这一辈子我要做我自己，而不是活成别人期望的模样。

同样的一句话，也送给大家：当很多人还是在给你灌输他那一套你应该要努力成为一个什么什么样的人的时候，你应该告诉他，我是马谡，不要派我去守街亭，老子守不住。

姑苏爱情故事

一

在人生的舞台上，每个人都有自己的故事，独一无二，平凡珍贵。赵奉臣也不例外。赵奉臣，男，出生于 1987 年，射手座，医疗行业从业者，也是我的同事。

一天，正在开会，“茉莉花”音乐突然响起，赵奉臣赶忙接起了手机。

“喂，二叔，找我有什么事吗？”他对着电话说道。

“小臣啊，二叔有个事情想问问你。”电话中传来一位老者焦急的语气，“二叔前天去医院看病，医生说我直肠末端……静脉什么曲啊张的，这个病严不严重啊？我身体可不能出问题啊，你说我有个三长两短你弟弟跟你婶可咋办？”

电话中带着颤抖的哭声。

“二叔，你不要紧张。你这个病不严重，直肠末端静脉曲张俗称痔疮，痔疮不会死人的，吃点药就好了。”赵奉臣赶紧安慰道。

“什么？痔疮……都一大把年纪了怎么还会得痔疮呢？”

“哎，二叔，你说的那个是痤疮，痤疮长在脸上，痔疮长在屁股上。”

“哦，哦，我懂了，那我就放心了。”老者语气变轻松，笑了起来，“那小臣啊，你帮二叔弄几盒治疗痔疮的特效药，你是学医学的，又在苏州卖医疗器械，肯定懂。”

“好吧，二叔，我弄到后寄给你。”

挂完电话，赵奉臣叹了一口气。

二

一家医院的院长办公室里，赵奉臣站着，一个中年男人坐着。赵奉臣正在拜访业务副院长，向院长传递一个他认为非常重要的信息。

“顾院长，正如我刚才资料所展示的那样，某医疗器械公司在今年年初的飞行检查中因为灭菌问题被 CFDA 严重警告，现在已经停厂整顿。灭菌问题直接关系到护理耗材在病人体内的安全，所以希望顾院长能够考虑到所有这些风险，停止采购某公司的产品。”赵奉臣不卑不亢。

“你说的我们都已经知道，这个问题对方公司也进行了澄清，并保证会妥善处理好后续问题。作为一名资深医务人员，我比任何一个人都明白患者健康的重要性，而且我很反感那些说别人家坏话的厂家，你走吧，我不想看见你。”

顾院长一副不耐烦的语气，他看都不看赵奉臣一眼。

“顾院长，我这次来不是搬弄是非。只是希望顾院长可以多了解一些信息，这样做决策的时候才能更加全面。我这边还有一份文件，某公司在2014年、2016年的飞行检查中都没有过关，而且2016年也是同样的灭菌问题，所以他们澄清的承诺很有可能是一句空话，顾院长你可以看一看呢。”

赵奉臣将文件递上。顾院长接过来，看了起来，看着看着，眉头紧锁，心情有点沉重。

“真心希望院长可以再斟酌一下。毕竟一旦出现问题，会牵涉一大片人，这，也包括院长您。”赵奉臣继续说道。

“你别说了。”顾院长一下子站了起来，语气十分愤怒，“小伙子，任何一家公司，能通过上市批准，肯定有它的合理性，出现点小问题，可以改进的嘛。即使犯错误了，也不能一棍子打死。你走吧，我等下还要开个会。”

顾院长下达了逐客令。

赵奉臣还是没有乱了阵脚，他镇定地说道：“院长您先忙，我就不打搅您了。如果院长下次有时间的话，我来跟院长汇报下最近临床上出现的一些不良事件，也希望院长能够参考。”

“不用了，你以后不要再来了。”

赵奉臣退出了办公室，身后响起了重重的关门声。

人来人往的医院里，赵奉臣孤独的背影走向了远方。他的心中满是悲伤，做商业，不可能是学雷锋，当然要掺杂一些商业利益在里面。但是对于一个积极正直的年轻人来说，赚钱一定要赚干净的钱，所以在一些大是大非的问题上，必须要有良心。人，无论做什么事情，一定要对得起自己的良心。

今天，顾院长的态度让他想到了一句话：每一个机构，每一个部门，每一个岗位，都有自己的游戏规则，不管明也好，暗也好，第一步，学会它。

“也许我还需要慢慢学习，但是只要心里有信念，我一定不会放弃。”赵奉臣握紧了拳头。

“茉莉花”音乐再次响起，赵奉臣接起了电话。

“喂，你好。”赵奉臣说道。

“你在哪里呢？打你几个电话怎么不接呢？”电话中传来责备的语气。

“不好意思，刚才在跟客户谈一件重要的事情，请问您是哪位？”赵奉臣赶紧问道。

“我是送快递的，你的快递我放门卫处了，你记得去取，千万别忘了。”

赵奉臣一脸的诧异。

三

小区门卫处，赵奉臣满脸都是问号地拆着快递。

“咦，谁给我寄的快递，怎么名字都不写呢？信还是英文写的，这啥玩意啊，这啥玩意啊？”

一个七八岁的小女孩背着书包从赵奉臣身边走过，赵奉臣一把拉住了她。

“喂，小妹妹，你好。哥哥拜托你一个事情好吗？”赵奉臣不好意思地说道。

“叔叔好！”小学生很有礼貌。

“是这个样子的，哥哥英文呢以前还是很厉害的，不过这几年工作比较忙没怎么用就生疏了。哥哥这里有一封英文信，你能帮我翻译一下吗？”赵奉臣问道。

“好的叔叔。”小学生接过信开始断断续续地翻译起来。

“亲爱的……赵奉臣……你好，当你……收到这封信的时候……我……已经踏上了……南下的火车，我走了，我再也不回来了。所以你自己一个人过吧。跟你这九年，是我人生最落魄的九年，九年来……噩梦不断，而你，就是那个噩梦。”

“咦，这后面怎么都是拼音写的啊。”小学生开始拼起了拼音。“我……已经……不爱你了，你骗我……骗得太惨了，说好的……三年就娶我的，谁知道……三年之后……又三年，三年之后……又三年，都快十年了啊，老大。我还没把自己嫁出去。我把我……最宝贵的青春……都花在了你身上，再耗下去……我的人生就彻底……没有希望了。我一辈子都恨你，所以我找别人结婚去了。”

赵奉臣一脸的诧异，脸色显得非常难看。

小学生把信合起来，用温柔的语气说道：“叔叔，你被抛弃了。不过你不用伤心，我今天也把我们班的小明甩了，他上课老是调皮，不好好听讲。”

赵奉臣挤出笑容：“没关系的小妹妹，哥哥很坚强。谢谢你啊。”

“不用客气的叔叔，没有别的事情，我就回家了啊，喏，信还给你。”

“等等，哥哥还有个事情跟你说下，你可不可以不叫我叔叔，叫我哥哥啊，你看我长得也不老。”赵奉臣问道。

“没问题的叔叔。”

“谢谢你。”

“不用客气的叔叔，叔叔再见。”

四

赵奉臣一身疲惫地走进家门，家里面乱七八糟，到处贴满了标语，一张“打倒负心汉赵奉臣”的大字报贴在正对门的墙上，赵奉臣苦笑了一下，扔下了自己的背包。

“女人就是这样极端，爱你的时候可以把你吹嘘得跟神仙一般，不爱你了，就把你骂成了魔鬼。让我更加不明白的是，现在通信工具那么发达，通知分手的话发短信也行，发微信，写邮件，QQ都可以，明明有这么多便捷的选择，偏偏选择发快递。而且英文不好就不要死撑，竟然还用汉语拼音，真的很丢人。”

赵奉臣的女朋友叫黄舒雅，1988年出生的，跟他在一起已经九年了，他们的感情一直很稳定，最近这几年她一直吵着要结婚，可是他的心里一直惦记着事业，就一直拖着。终于，她的小宇宙爆发了，发个快递提出了分手。

说到他们的相识，其实也是蛮浪漫的。这要追溯到2009年，那一年赵奉臣还在医院药房上班，而黄舒雅是名房产中介。一天，他在马路上瞎逛，被她盯上了，她拿着传单撵着他走了好几条街，死命向他推销她卖的房子。

“不好意思啊妹子，我真的没钱。我刚大学毕业，很穷的。”赵奉臣害羞地说道，脸红了。

“帅哥，没关系的，你没钱的话我借给你。”黄舒雅露出灿烂的笑容。

“啊，你借给我？”赵奉臣简直不敢相信。

“是啊，我借给你。你啊，再不买房子，以后房价涨上来连媳妇都娶不起。”黄舒雅责备道。

就这样，赵奉臣借了黄舒雅的钱买了一套 75 平方米的房子。他一直很奇怪她为什么要帮他，这样有爱心的女孩在这个社会上真的不多。黄舒雅一直跟他澄清她是想学雷锋，这让赵奉臣很感动，后来他们就在一起了。他一直以为，这么傻的女孩子遇到了一定不能错过，谁知道相处久了之后才发现她其实一点也不傻。

“咦，黄舒雅，你怎么来找我啊？”一天，正在医院药房发药的赵奉臣一脸惊讶地问道。

“我不是来找你的。”黄舒雅回道。

“舒雅，进来。”赵奉臣的领导，药房主管李春花朝她喊道。

“啊，怎么你们认识？”赵奉臣一脸的茫然。

“认识啊，她是我二姨。”黄舒雅回道。

曾经赵奉臣以为这个姑娘只是想借钱给他买房子，没想到她居然早就下定了决心要得到他。也许这个社会压力太大了，导致人和人之间相处的动机不再那么单纯。

“赵奉臣，如果你明年向我求婚的话会非常吉利，我妈找人算过了。”黄舒雅看着赵奉臣说道。

“等我升职了再说可以吗？亲爱的，我想在我们结婚之前再好好地把事业抬上更高的高度。”

“好吧，我支持你。”

2013、2014、2015、2016 日历上的年份不断改变，时间一点点在流逝。

五

赵奉臣几次去院办找顾院长都没有找到，终于有一次他将顾院长堵在了办公室门口，顾院长还是没有搭理他，再次将他轰出了办公室。赵奉臣孤独的背影再次出现在医院里。

“也许我在工作上花费了太多的时间了，浪费了太多的生命，其实我应该把工作重心放在家庭上，放在那些爱我的人身上。黄舒雅，我想你，我真的好想你。”

家是一个失意男人的疗养院，想想这九年来的点点滴滴，黄舒雅才是他一辈子要珍惜的人。事业没有了就没有了，而爱人没有了就是下辈子了。

分手后的第八天，联系不上黄舒雅的赵奉臣直接来到了小区另一栋楼的门口。当初买房子的时候，黄舒雅家买了第 18 幢的房子，然后她借钱给赵奉臣买了第 21 幢的房子，两幢并排相望，嗓门大一点的话，根本不用打电话。

这个叫黄舒雅的女孩子发完顺丰快递后就从 21 幢搬回了 18 幢，从此再也不跟赵奉臣联系。

赵奉臣按响门铃：“舒雅，帮我开门。”

门内没有动静。

“你帮我开门，我跟你谈谈结婚的事情。你天天晚上用望远镜朝这边看，我都看到你了。”赵奉臣说道。

“啪。”门禁被打开了。

六

屋内，赵奉臣和黄舒雅隔着桌子坐着，气氛有点严肃。

“听说你上周坐火车南下去杭州玩了几天？”赵奉臣问道。

“对啊。”黄舒雅答道。

“怎么样，杭州好玩吗？”

“还不错，杭州的东西很好吃。你今天找我有事？”

“对。今天从医院出来我突然想明白一件事情，我该结婚了。我想我一辈子都赚钱给她花，我要对她好一点。”

“谁？”

“你。”

“晚啦，我不会答应你的。”

“为什么？”

“你知道女人最怕遇到什么样的男人吗？就是遇到刘备那样的。一个女人跟着你受了几年苦，盼着熬出了头，过上了好日子，可是刘备呢，一直失败着。到了五十岁事业上还是没有未来，你说哪个女人受得了。”黄舒雅叹气地说道，“你走吧，我不想看到你。”

一滴泪水从赵奉臣的脸庞滑落。

垂头丧气的赵奉臣下楼，心情十分低落。刚下楼，电话铃声响了，一看电话是顾院长打来的，赵奉臣赶紧接起了电话。

“顾院长您好。”他对着电话说道。

“小赵你好，经过我们院办的认真讨论和论证，我们觉得你那天说得很对，所以我们决定从明天开始停止使用某公司的产品，恢复对你公司产品的采购。至于价格，我相信贵一些总归质量也高一分，我们信任你们。所以麻烦你明天来一下设备科，提交下详细资料。”

“好的，顾院长。”赵奉臣高兴地跳了起来。

就在这个时候，短信响了，是黄舒雅发来的，短信并不长。“我决定了，我还是做刘备老婆吧。明天你把房间打扫好，我搬家，我们好好选一个日子吧。”

“万岁！”赵奉臣欢呼的声音响彻小区。

谨以此文献给全国各地奋战的努力者们，希望你们都能优雅地活着，体面地生存着，活出一个精彩的人生。

孤独你配吗?

一

记得有一次团队聚餐，我们喝着啤酒吃着烧烤聊着天，一位年纪比较大的同事深沉地吃着花生米，一言不发，仿佛有心事一般。一位眼尖的女同事说道："B 哥好寂寞啊。"我笑着纠正道："B 哥应该是孤独。"女同事追问："孤独和寂寞有区别吗？"我故作严肃地回答道："有区别，比如说 B 哥和我们这群俗气的人在一起就是孤独，而回到家一个人待着的时候那才叫寂寞。"

大家都笑了起来。

孤独，这些年也渐渐流行开来，就像青春一样，不缅怀一下，似乎对不起曾经的人生。对于年轻人来说，因为不服输，因为不甘心，因为鄙视平庸的自己，因为瞧不上别人的梦想，因为幻想乌托邦般的未来，我们都曾有过一段和四周为敌的岁月，也曾默默走过一段不被理解、孤身奋战的孤独旅程。

对于爱情，张楚说：孤独的人是可耻的。对于理想，刘同勉励道：你的孤独，虽败犹荣。对于人生，我说：懂得享受孤独，你才能拥有更好人生！

人生路上，并不是每一次付出都会有回报，人生是一片沼泽，只有把很多走不通的路径走完，我们才能走出那片暗无天日的沼泽，来到平坦的彼岸。回头一看，这条弯弯曲曲的小道才是自己的人生之路，而在此之前，它并不存在，也无法预设。从某个角度来说，每个人的人生都是独一无二的，所以孤独的人并不是你和我，而是在座的每一个人。

二

孤独，正在被褒义化。孤独的背后是成长，是对人生的思考。孤独和孤僻不一样，孤独是更高层级的精神淬炼，让意志从铁变钢，从而对磨难淡定从容。

在写作圈认识了一个文青，曾经就写作问题和他沟通过几次，了解得多了，发现他其实很缺乏安全感。因为自卑，他羞于交际，他总觉得自己的身高和长相不如他人，并对此羞愧难以释怀。这个世界就是这样，你越是将自己的外交权和抗争权拱手放弃，你越是无法在与别人的摩擦和争吵之中学会待人接物，越是无法与人正常交流。那个文友选择了封闭自己，用他自己的方式过着他觉得舒适的孤僻生活。他经常用一些心理障碍的疾病来为自己冠名，并将一群类似的人纳入范畴，试图抱团取暖。因为曾经在心理科待过一段时间，也做过这方面的精神药物，所以我非常理解这种心理行为背后的心理动机。他需要这种病态的定义，只有躲在那些疾病的背后，他才能从容地告诉别人：你看，我得了这种病，我没有办法做得跟正常人一样呀。当别人劝他走出泥潭，他也会给自己辩护：这个病改不了呀，你别再给我讲大道理灌心理鸡汤啦。就像契诃夫的《套中人》中写的一样，套子给了他们保护，也将他们彻底与世界隔绝。

“很多虚幻即使再荒谬，外人也不能戳破它，戳破了这个人就会失去人生最后的希望，他们其实需要这种自我欺骗。”精神科的朋友告诉我。

那位文青朋友将自己这种状态定义为孤独，并进行了美化。从我的角度来看，我不太支持将这种病态的价值观进行普及。就像一只心智发育不健康的动物，如果你生病了，并且拒绝医治，可以，但是你不能摇旗呐喊号召别人也像你一样，这其实是一种祸害。孤独不是孤僻，孤僻是一种懦夫行为，是对自己成长的逃避，所有的孤僻都会在社会化的群落中失去舞台，丧失 DNA 传播能力。

孤独，是一种自我对抗，是一种和不成熟搏斗，流血长茧的过程。所以，我建议年轻人不要轻易给自己贴上弱者的标签，因为标签虽然保护了你的最后一道防线，但是也限制了你向前发展。躲在缺陷背后，你将永远都只能是一个孤僻的自己，原地打转，自艾自怜。

有句话说，如果2020年的你不觉得2019年的你是个傻子的话，说明你这一年根本毫无成长。而我们该做的就是在孤独的思考中，找到自己问题的解决方案，在自我对抗中正确地认识自我，改变自我，大胆突破，破茧重生。

三

雅典人苏格拉底说，唯有孤独的人才强大；法国人卢梭说，恶人才孤独；德国人尼采说：孤独，你配吗？尼采的这句——孤独，你配吗？被很多人拿来嘲笑自己，其实嘲笑，恰恰也是一种无声的成长。

我这辈子真的很庆幸那段精神内科的从业经历，那段人生确实改变了我很多。就像我第一本书《且以温暖度余生》宣传的主题一样，我坚信一个人若要将自己的人生变得更好，你得从自己身上寻找出路。你要相信，人这一辈子，永远都是在和自己过招。所谓的孤独，就是你因为能力不济被全世界抛弃了之后，躲在一个无人注视的角落里反思自己的心理过程。为什么会被世界孤立？是哪些缺陷导致了你如今的局面？向内寻求自我解放和突破，向外寻求自强和自立，才能不断成长。

真正的孤独不是捍卫自己的缺陷，真正的孤独是将自己的性格和思想进行大清洗，将那些伴随我们多年并且已经伪装成我们朋友的缺点一个个清除。孤独是思考自己，换个视角和立场观察世界的过程。如果你善于思考，那么你根本不会惧怕失败，失败就是不胜任的自己在具体问题上被世界上了一课，世界揪着我们的脖子告诉我们：小子，你还不够优秀，你的平生所学还不足以打败我，你回去再苦练本领，我在这里等你。

如果失败能让我们变得更加优秀，那这样的失败难道不就是成长吗？

如果理解不了这样的逻辑，那么你根本不配孤独。所谓的孤独也许只是逃避的借口，是用来掩饰心理障碍和能力不足的挡箭牌。除非你早已经放弃了自己，安于一个小舞台做一个弱者，否则任何的掩饰都是徒劳的。“庆父不死，鲁难不已”，自身的根本问题没有解决，祸害没有根除，你永远得到的都是孤僻。那种孤僻不是你的主动选择，而是世界反馈给你的必然结果。

主动地改造自己，改造世界吧。人生就是持久战，只能在一次次的失败中积小胜为大胜，不断地从失败中获取经验，才能增大成功的概率。没能够在孤独中成长，那么，孤独，你真的不配。

不放弃是对吃过的苦最起码的尊重

光线强的时候老虎的眼睛是黄色的，随着光线变弱，老虎的眼睛会变成绿色，光线越弱，老虎的眼睛越绿，并且发出耀眼的光芒。

不放弃是对吃过的苦最起码的尊重

一

生活如果只有一种滋味，那非苦莫属。苦难贯穿于生活的始终，吃过的苦越多，对生活理解的也就越深刻，就越不会在苦难关口放弃前行。

高中同学晓伟跟我讲过一个桥段，有一天晚上他忙完公司的事情正准备上床睡觉，电话突然响了，是一个朋友打来的，那个朋友喝了不少酒，在电话中哭得声音都有点沙哑，他说他精神压力很大，这一年来付出了自己最大的努力，却还是失败得这么惨重。年纪一大把了还是一事无成，不光没有积蓄，还欠了银行一大笔钱，生意也垮了，和一起创业的朋友也反目成仇，老死不相往来。父母对自己极其失望，老婆也不再对他的承诺有什么期待，最对不起的就是孩子，这么多年来他从来没有给他买过一件体面的衣服，他这个父亲做得很失败。现在，做人所有的希望都没有了，对这个世界也失去了信心，再活下去也没有意思了。他说他现在站在东海大桥上，真想一闭眼就和这个世界永远告别。

晓伟那段时间也被生活折腾得够呛，因为一场交通事故，他被当事人家属告上了法庭，还上了“老赖”的黑名单。但是越是知道人生的艰辛，他越是对苦难保持淡定，于是他一边从被窝里爬起来一边对着电话劝道：“兄弟，这个教训是你花五十多万买回来的，很值钱，你千万不能轻易放弃。你定位发我，我现在开车过去陪你聊聊天，听我话，别做傻事，人生没有过不去的坎，明年会好起来的。”

其实这些话，他说更像是对他自己说的。那段时间为了应付磨难，他使出了浑身解数，身心也早已疲惫，差点也坚持不住了。

挂了电话，晓伟还是不放心，编辑了一条短信发了过去：“我一个初中同学，2008 年在上海，做生意赔了一百多万，女朋友跑了，他一度想不开，要出家，2010 年后他还是挺过来了。人生，就是一个不断跌倒不断爬起来的过程，每一个人都是这个样子。一个前半辈子失败很多次的人，后半辈子一定会越走越顺，因为炮弹不会落在同一个坑里。灾难到来的时候你指望不了别人，你只能靠自己。我知道你心里苦，唉，其实哪个人轻松过，咱俩半斤八两。还是自强自立吧，你要对吃过的苦有个交代，你要尊重你过去的所有付出。大不了出去要饭呗，熬过去，会重新站起来的。”

不放弃值多少钱？不放弃的价值等于你过去人生所有消耗的总

和加上你的未来的总和。

晓伟对此事记忆深刻，他说后来那位朋友慢慢振作了起来，在昆山经营一家小型电子公司，生意还十分不错。

人生路上，如果失败来得惨重，让我们无力抬头去看前方漫漫长途，那就回头看看自己走过的路，想想那些年咬碎牙齿吃下的苦和遭受过的罪，你还忍心让自己这些付出没有任何交代吗？越是败得惨痛，越是说明我们能失去的东西正在变少。不放弃，继续努力，活出一个更体面的人生，才是对苦难最好的回击。

苦难也像一面镜子，它照出人间百态，只有不愿意放弃的人，才能找到生存下去的勇气。你要相信，只有缤纷绚丽的终点，才能配得上我们这一路的颠沛流离。

二

一个医生在跟我聊天的时候问我：“你知道一个健康的人能值多少钱吗？”

我不知道他所指的具体是什么，于是虚心问道：“多少钱啊？”他笑着答道：“如果把所有器官都单独拆开来，然后配型都成功，那这个人最起码值几千万。我知道有个脑死亡的小伙子，死后将身体的七个零件捐献给了七个人，包括眼角膜、肝脏、肾脏、心脏和肺，结果救活了接近一个篮球队的人，厉害吧。”

我听后难以置信，他继续说道：“这是真的，所以你千万不要小看你自己。其实你值钱着呢。”

在追求更好生活的道路上，每个人都会经历一段躁动不安的失败期，能否取得伟大的成就，关键就在于我们有没有忍着剧痛坚持下去。越是知道自己的价值，越是不能轻易地舍弃自己，你以为舍弃的是个垃圾，其实在很多人看来你是个无价之宝。

如果你对前途感到迷茫，说明你正处于突破自己的瓶颈期，而瓶颈期正是一个人进入新段位的标志。只有突破了自我，挣脱了能力边界，才会变得更加强壮，就像螃蟹褪壳一样，打破束缚身体的老壳才会进入更高的层级。突破是一个煎熬的过程，很多人会在煎熬之中变得更强。

很多时候我们的理想找不到降落的机场，所以会焦虑，会彷徨，会怀疑自己。我们渴望的人生平台很大，但是我们又没有足够的能力去驾驭自己的人生，于是产生撕裂感，那是现实和理想的碰撞。此时最应该做的不是放弃努力，而是加倍修炼自己，环境淘汰的是那些不合格的人，而强大的人可以无视一切环境，依然能够顽强地生存下去。当无路可走的时候，强大者会用双脚踩出一条新路，就像如果机场坑坑洼洼无法降落，那就应该通过努力把自己变成可以垂直降落的直升机一样。

只要你不愿意放弃，你的身体和意志也会全力配合你。那个医生朋友还告诉我，曾经有个老大爷，被诊断为重病晚期。可是老大爷不愿意放弃，开始加倍锻炼身体，后来疾病居然在内外夹击下被消灭。一个人坚强的努力，会让他的全身细胞都会受到鼓舞，在对抗磨难的时候也会发挥出超强的战斗力。

三

不放弃的人生处处都是自强自立。自强自立，无非是为了赢得一个让人尊重的世界。自强自立，就是要迎难而上不退缩。顽强的人会选择跌倒后把自己变得更强，向挫折发起新的挑战，这样挫折才会知难而退，而不是继续向我们挥起拳头。

人生是一场没有硝烟的战争，不放弃是最起码的姿态，即使拼光了最后一颗子弹，也不能认输，也要拿起刺刀赤膊上阵。不放弃，是对吃过的苦最起码的尊重，不放弃，也是对未来最好的抗争。

韧性

一

我很推崇“屡战屡败，屡败屡战”的精神，从 2007 年步入社会后，就把此八个字高悬于心间，无论站在什么样的舞台，我都尽力鼓励自己大胆尝试，不怕失败。这么多年一路走来，跌倒了无数次，出了很多丑，也让无数的人看不起，但是值得庆幸的是我一直没有放弃，一直都在战斗的路上。第一本书的出版也经历了反复投稿拒稿，修改删除，数不清的折腾，数不清的毫无希望，最终咬牙忍了过来，终于在 2018 年圆了自己的文学梦。后来想想，之所以能撑到最后，还是这八个字支撑了我。

你和我的人生路虽然不一样，但是路上我们都有过彷徨，都有过迷茫和孤独，当我们应付不了的时候，都会出现无助和悲伤。但是正如伟大往往诞生于微末一样，我们的成长也来自失败的培养。

二

我们喜欢有故事的人，对那些一帆风顺平步青云的人很少关注，因为对于没有社会背景没有家世资源的我们来说，与失败做斗争是我们生活的常态，我们更渴望看到一个榜样，他百折不挠，顽强不屈，倒下去没有堕落反而坚强地站了起来，并且比之前站得更加挺拔，更加坚定！我们被这样的人鼓舞着向前，更加奋进。

我们都是天资愚笨之人，毛手毛脚，失败不断，越是这样，后天我们越要坚持不懈。

在同一片蓝天下，我们呼吸着同样的空气，做着一样的成功梦。没有谁的路是一帆风顺的，多给自己一些勇气，用“屡战屡败，屡败屡战”的精神鼓舞自己，痛并坚强着。

哪怕一百零一次跌倒，也要在一百零二次时站起来，活着不是为了摔跤，而摔跤后站起来你会发现天空变得更加美好。

三

2013 年我写了一篇约三十七万字的长篇小说，名字叫作《一百零二次站起》，意思就是即使跌倒一百零一次，依然要在一百零二次顽强地站起来，每一次站起，就是一次勇敢的成长。

有一个故事我非常喜欢：从前有一个小个子男孩，一副弱不禁风的样子。有一天一个人高马大的同学看他不顺眼，把他按在地上揍了一顿，揍完后就回教室上课了。下课后，小个子男孩找到了揍他的大个子同学，对他说："你打了我，你得向我道歉。"大个子同学听完后哈哈大笑，又把小个子男孩按在地上揍了一顿，揍得比上次还凄惨。下课后小个子男孩又去找那个同学，继续让他道歉，大个子同学还是二话不说又把他暴揍了一顿。可是小个子男孩还是没㞞，又来找他。几次三番后大个子同学被吓住了，于是颤抖地对他说道："对不起，我跟你道歉，你别缠着我了行不行。"小个子男孩听罢，掸了掸身上的尘土，淡定地回复道："你早这么说不就没事了吗？"

我很欣赏那些有韧性的人，这个世界的成功都是留给这样的人的。我们也都是普通人，能力也很一般，也会跌倒也会失败，很多时候磨难就像打在脸上的拳头一样，我们应付不了，也无力反抗，可是，不能因为弱小就退缩，就沉沦。真正的勇者，是那些迎着对方的拳头继续征战的人。

你要相信，只要你不放弃，终有一天那些曾经让你无力抵抗的困难，都会乖乖地匍匐在你的脚下。

四

人一旦成年，就会有个魔鬼伴随身边，这个魔鬼的名字叫压力。压力会让人崩溃，会让人退缩，会让人变成懦夫放弃自我。

电视节目《顶级厨师》中有这样一场比赛，三个表现不好的选手被安排进入压力测试，测试题目是让他们在规定的时间内做出一道他们从来没有做过但是非常具有挑战的粤系名菜。有个选手觉得这个测试太有压力了，和他快乐厨师的理念并不符合，于是选择了放弃。

而另外两位选手，即使明知结果会很悲惨，但是依然咬牙挺到了最后。虽然他们的作品没有过关，但是他们不放弃的精神打动了评委，裁判最后让他们都通过了。大厨刘一帆说出了一句很有道理的话：没有压力，怎么看出生命的韧性。

是的，没有考验怎么看出你的实力，没有压力怎么知道你属于几流水平？这个世界，如果你根本不下注，你就根本不会输。如果你不迎着压力往前走，你也不会摔跤，也不会遇到那么多的失败和挫折。但是如果你不敢迎头朝上，那这个世界就不会真正属于你。

生命的韧性在于它不折不挠，在于它立于风霜而不倒，没有人会随随便便成功，因为成功长在了一棵叫作压力的大树上。

压力是人生常态，也成了考验韧性的最常见对手。压力是淬炼韧性的最好载体，越是韧性十足的人，越能战胜常人所不能战胜的压力。屡战屡败，屡败屡战才是有韧性的人生。

五

我很喜欢三国时的刘备，刘备在遇到诸葛亮之前一路失败，到了荆州也不过一千多人马，多年征战，依然毫无长进，没有自己的一块根据地，想必刘备心中也是郁恨难平。有一次他和刘表喝酒，席间去厕所，回来后，刘表看到他一脸的泪水，十分纳闷，就问道："上了一趟厕所，怎么哭起来了呢。"

刘备回道："我上厕所的时候，看到大腿上长满了肥肉，唉，我是个骑马打仗的人啊，我怎么能长肥肉呢，我应该长肌肉啊。"

这一年，刘备快到五十岁了。古人云三十而立，四十不惑，五十而知天命。刘备到了知天命之年还是失败不断，还在颠沛流离四处流荡，对于一个有志之士来说，这无疑是一种折磨。但是，哭归哭，嗟叹归嗟叹，刘备并没有放弃拼搏。几年后，刘备采用诸葛亮的《隆中对》之策，连吴抗曹，三分天下，稳定了自己的地位，终于站稳了脚跟。在我看来，刘备是三国里面失败最多，韧性最强的人。

成功的道路上，每个人都会被打败，每个人都会犯低级错误，每个人都会一时迷失自我，每个人都会不知道路在何方，哭哭啼啼中否定自我，但是，只有像刘备这样韧性十足，重新战斗，才能抓住下一个机会让命运翻转，这是不服输的馈赠。

不服输，就是不服，是一股子狠劲，是那种扶我起来，待我继续大战三百回合的狠劲。

后来我又写了一本叫作《低配英雄》的长篇小说，讲述了一个软件（智商，才华，天赋）、硬件（基因，家庭背景，体格）、显示器（长相）都偏低的男孩成长为英雄的故事。我们都是低配人群，没有超级英雄那样的卓越条件，我们配置一般，在人生道路上都有过四面楚歌，腹背受敌的狼狈经历。但是谁说配置低，就不能做英雄？只要心里不服输，韧性十足，不断向前，我们照样可以成为举世皆知的英雄。

对于拼搏的人来说，没有什么品格比韧性更重要的了，很多时候，我没有办法让你更聪明，情商变得更高，更加受人尊敬，我只能告诉你：你得更有韧性。不轻易放弃，百折不挠，顽强到底，成功终究会到来。

最后的胜利

一

2016年，叶吹死了，他是我认识的所有同学里唯一一个把人生定格在三十一岁的人，他也是我所有同学之中第二个先我们而去的人。第一个过早离开我们的是我的一位小学同学，她当年被查出骨癌，锯掉了一条腿，可惜老天爷想要的是她的命。半年后，癌症转移到了内脏，她的肚子里长了一大堆肿瘤，虽经治疗但很惋惜她最后还是去世了。印象中，她是个很漂亮的女孩子，所以即使她离开很多年了，我依然记得这个美丽的女孩子，那么美好的花儿过早凋谢了，挺遗憾的。

生命总是在离别的时刻才能被完全看清，而很多美好还没有来得及完全绽放，就没了影踪。既然活着，就好好活着，即使苦一点，也得尊重每一天每一秒。敬畏生存，珍惜你能支配的一切，因为能活着本就是一种胜利。

我想，如果当年叶吹不是那么渴求成功的话，他的人生路也许会走得更加悠然一些。叶吹曾经说过：“我宁愿轰轰烈烈去死，也不要扭扭捏捏地活。”谁知一语成谶。叶吹的父亲曾经在他很小的时候找算命先生算过，算命先生告诉他他儿子会在三十二岁那年扬名，富可敌国，可是算命的却没有告诉老头子，其实他的儿子根本活不到三十二岁。

二

叶吹认为他很懂人性，他对我说：“弱者的逻辑大约如下：如果我是个丑人，我会找一个比我更丑的人做朋友；如果我是个穷人，我会和比我更穷的人来往；如果我性格有缺陷，我会找一个比我更无法控制自己情绪的朋友陪伴身边。就像伏尔泰曾经攻击他的敌人卢梭那样——卢梭只会和下等人走近，以体现自己的高贵。”

“所以我觉得和成功人士走近是心理强大的标志。这个世界，富人都是既得利益者，所以他们不希望现有平衡被打破，他们希望世界永远维持现状，于是发明了一系列制度，让穷人变成制度上的螺丝钉，让穷人一辈子都守着那一亩三分地，一辈子都被他们奴役着。穷人要想改变命运，就要敢于打破现有秩序，通过拼搏和奋斗去建立自己的游戏规则。而这些是需要付出代价的，你得有一颗勇于赌博的心。当然，失败的风险也很高，赌注就是你的前程和青春。”

叶吹的社交一直在高层次徘徊，就像他发誓要飞黄腾达一样，他对自己的理想从来不打折扣。叶吹的追求清单上当然也包括爱情。

叶吹的女朋友比他小三岁，他们第一次认识是在叶吹读大二的2005年，那时女孩刚刚结束高考，高考成绩不太如意，所以她很悲观。人生面临重大选择，而她的选项又实在太少。去读大专吧，挑不到心仪的学校，读自费本科吧，又怕家里面不肯出那么大的一笔钱。

这个时候，大二学生叶吹出现了，他摊开一张打印好的A4纸，满脸堆笑地说道：“来来来，小姑娘，我这里都是好学校，你看哪个好，就上哪个。”叶吹的A4纸上密密麻麻写了十几所南京知名的大学，每一所学校都是有分量的存在。

小姑娘被惊住了，眨巴着眼睛看着眼前这个像餐馆服务员一样等着她点菜的男人，心中在疑惑：“叔叔，你是在开玩笑？”

叶吹笑了：“我跟你解释一下吧，学校招生会保留几个名额，如果你的分数不是差得太多，你就可以来上。”

小姑娘还是觉得难以置信，叶吹也看出了她的顾虑，直接回复道：“这样吧，你留下你的电话。你呢，回去好好想几天，我过几天给你回电话。”

小姑娘半信半疑地回家了，她根本不相信朗朗乾坤之下竟然有这种“卖官鬻爵”的事情发生。

叶吹后来跟我说，其实他看到这个姑娘第一眼的时候，早把招生的事情丢在九霄云外了。脑子中只有一个念头，娶她。

三

为了这次心动，叶吹谋划了更大的一盘棋。他决定带女孩去南京实地考察一番。小姑娘觉得这样挺好，没有调查就没有办法知道真假。于是她也没有多想就瞒着家人跟着叶吹来到了南京。到南京后，叶吹极尽献殷勤之能事，将所有服务都做得很到位。他让小姑娘见到了心仪中的学校，还见到了学校相关负责人，一番考察下来，小姑娘的所有顾虑都被打消了。

当叶吹提出要带小姑娘去自己住处的时候，心情愉快的小姑娘也没有明确反对。就这样，叶吹领着小姑娘穿过了长着法国梧桐的大街，走向了他所住的小区。在离小区不远的一个小巷子里，叶吹被几个突然出现的年轻人围了起来。领头的一声令下，几个人对着叶吹就是一顿拳打脚踢，将叶吹打倒在地上爬不起来，领头的年轻人恶狠狠地对叶吹吼道："刘校长说你今天带个女的去他们学校了，现在我郑重告诉你，这个指标取消了。这次就给你个教训，以后再抢我的生源指标，老子就废了你。"

说完，领头的年轻人带领手下扬长而去。

叶吹双手撑地，坐了起来，他擦拭嘴角鲜血的时候看到了躲在绿化带中瑟瑟发抖的小姑娘。小姑娘显然被吓坏了，眼睛里还不断流出泪水。她的眼睛和叶吹的眼睛对焦的时候，叶吹忽然有一种说不出来的愧疚和怜惜。一股戾气直冲他的脑门，他转身从墙角处找到了一个废弃网球拍和一块水泥砖，然后抄着家伙就往刚才打他的那几个人消失的地方奔去。

他追上去的时候，几个人还背对着他说说笑笑，叶吹跳起来对着领头的人就是一砖，鲜血一下子飙了出来。

叶吹多次跟我聊起过这次奇袭战，这次冲突的根源还是钱闹的。马克思曾经说过——当利润超过 100% 的时候，他们会铤而走险，当利润超过 300% 的时候，他们就会践踏世间的一切。为了利润叶吹和领头的曾经在仙林吵过几架，而这次肢体冲突显然将矛盾升级了。

叶吹把几个年轻人都镇住了，看到帮凶们灰了，叶吹一下子把领头的摔倒在地，然后扔掉手中的网球拍和水泥砖，对着领头的喊道："起来，现在我跟你单挑。"

那次，叶吹胜得很彻底。

不久后，那个女孩子就成了叶吹的女朋友。

四

叶吹家里很穷，当年他到南京报道的时候身上只带了两千块钱，学校让交学费，他没有，只把住宿费交了，苦苦哀求之下，学校才同意给他缓冲时间。校方告诉他，如果不交齐学费，即使走到了大四也无法顺利拿到毕业证。

叶吹做的生意叫点招，当年在南京属于新兴的行业。

但是2007年起国家开始整治点招行业乱象，叶吹的收入从此一落千丈。为了赚钱，叶吹开始寻找其他门路，但是似乎都不怎么顺利。为了维持“上流”社交，叶吹的开支一直都很大，这也导致他生活愈发艰难。

2007年，叶吹和女友结婚了，这一年他的事业也陷入了泥沼，他所有的资金都投入了几个他认为有前途的项目之中。这一年他没有房子，车子也是二手的，但是女友还是二话没说嫁给了他。

结婚那天，叶吹醉卧洞房，高歌一首《我是一只小小鸟》，叶吹老婆笑得花枝乱颤。两年后，叶吹老婆给他生了一个女儿。生孩子那段时间，是叶吹人生最窘迫的一段时间，当时他的资金链已经快要断了，更要命的是叶吹走了一步险棋，让他的人生路彻底到了崩溃的边缘。2007年下半年，他把所有能调动的人脉都调动起来，聚集了两百万，重仓了一支朋友推荐的股票。

这些钱大部分都是叶吹借的短期资金，不到一个月时间就亏了一半，叶吹一下子成了负债一百万的超级负翁，要知道那个时候的房价才几千块一平方米啊。本来想让老婆过上更好生活的他，不光把自己置于悬崖之上，也让他的老婆跟着一起遭罪。

叶吹忽略了一个事实，虽然他身处于高端人士圈子之中，但是他并不是其中一员。那时和他同样亏了一百万的大有人在，不过人家可以再出一千万翻盘，而叶吹却根本没有任何机会挽回败局。

叶吹成了一个失败者。

为了偿还债务，2008年叶吹回到仙林大学城，在路边网吧摆起了烧烤摊，每天从晚上十点忙到凌晨五点，一直干到2016年。两千多个日夜，风雨无阻，他几乎没有休息过，叶吹为了一个月的失败，弥补了整整八年，而从后来的故事演变来看，他付出的代价显然不止八年。

五

叶吹说，最困难的日子里，他完全是靠意志在生存，没办法，负债太大，想到就后怕。叶吹也和老婆坦诚沟通过这个事情，他做好了失去一切的心理准备，谁知道，老婆知道一切后居然没有离开他。

但是生活的磨炼显然比想象要残酷得多，一年两年还能欺骗欺骗自己，三年四年谁还能继续保持乐观？叶吹的老婆显然高估了她的承受能力，她舍不得放弃这段爱情，换来的代价是前路漫漫，每一步路都不是她想要的人生。

叶吹老婆天天和他吵架，她经常泪流满面，咬牙切齿说叶吹毁了她的一生，不是叶吹，她根本不会过上这样的生活。事实证明，遇到叶吹，任何女人都不会有淡定的心情。

叶吹也变了，曾经走高端路线的他开始变得包容，越是到后来，他反而越淡定，也许他想开了。那段时间经常看到他朋友圈上传鸡汤励志和他卖力为自己烧烤摊宣传的图片，他用历史人物为自己打气，他在朋友圈写道——当年哥伦布在海上航行了三个月，手下船员也对明天失望了，威胁如果不返航就造反，哥伦布说，再给我三天时间，如果三天还是看不到大陆，就返航。结果第三天就发现了美洲大陆，人生，坚持下去就会看到新世界。叶吹的签名也变成了——老天爷啊，你看你把我折磨成什么样子了？我不过犯了一个错误而已，却要牺牲那么多为此买单。

2008 年到 2016 年这八年是不短的历程，在我的朋友中，八年来有的人升官发财了；有的人出国深造了；有的人创业成功了；有的人家庭美满了。而唯独叶吹在为一次过失苦苦挣扎，叶吹成了我整个朋友圈中最落魄的人。

人生就像打牌，有得人拿到了好牌，就意味着必定有人摸到了烂牌。而叶吹无疑是摸到了一把烂牌。

叶吹用了整整八年还清了欠款，回到了他起航的地方。可是他失去了青春，失去了活力，失去了爱人的爱，失去了对明天的渴望。而这一切都无法用金钱来衡量。

六

穷人总是被灾难青睐，越穷麻烦越多。

2016 年 1 月，因为剧烈的心绞痛，叶吹被他的老婆送去了医院。

刚入院时，叶吹处于昏迷状态，很多检查指标不正常。他心脏痛得非常厉害，冷汗不停地往下流，好几次昏迷过去。医生给他打了几针杜冷丁都止不住痛，最后下了病危通知书。

叶吹的老婆反复询问医生到底什么病，医生回复不能确定，只能怀疑是心肌缺血。并建议马上动手术对心脏进行搭桥，病床上还有一丝意识的叶吹一听到搭桥就死活不同意，叶吹用微弱的声音对老婆说：“老婆，搭桥要一大笔钱，我好不容易刚还完债，我不想重新来过了，我太累了，我想休息，我也不想连累你了……”

叶吹老婆号啕大哭，确实，她这么多年也没有轻松过。

叶吹病情发展迅速，没有多久他就意识不清了，等医生拿到叶吹妻子的签字后，叶吹也断了气。

医生解释说：“叶吹是过劳死。人体就像一个弹簧，劳累就是外力，当劳累超过极限或持续时间过长时，身体这个弹簧就会发生永久变形，免疫力大大下降，导致老化、衰竭甚至死亡。”

对于死去的人来说，其实这个世界跟他已经没有什么关系了。但是对于活着的人来说，这个世界还是没有改变，痛苦还是痛苦，艰难还是艰难，带着孩子的叶吹老婆望着即将被推进殡仪馆的叶吹尸体，瑟瑟发抖。

妻子作为他人生的参与者，意味着从明天开始就没有了他的陪伴。以前在一起过日子，她总觉得自己的青春，自己的人生被带上了歧途。本该拥抱大好明天的她被迫走上了一条和自己所想截然不同的路，这样的人生不可逆。可是，当爱人的身体即将化为灰尘的时候，思念才心如刀割——死去的人其实也很不幸，他的人生其实更加可怜。

如果没有多年前的那个夏天，如果没有南京的那场巷战，如果没有 2007 年黑暗的一个月，叶吹的人生也许不会如此。但是人生没有如果，就像这即将进入火葬场的尸体一样，曾经他也是一个自信的少年，曾经他也在酝酿着创造大好河山，而如今，全世界都和他无关。

不过，叶吹的老婆最后并没有过上悲惨的生活。就在叶吹去世后的几天，保险公司的人上门了，给了他们一大笔巨款，很大的一笔钱。原来叶吹从三年前就偷偷瞒着家人给自己买了很多保险，受益人写了他的老婆和女儿。叶吹也许早就意料到了这一天，所以他早早就做了准备。

叶吹估计在断气的时候笑着嘀咕了一段话：老天爷你看好了，我这次终于赌赢了！

韬光养晦有所作为

一

我很喜欢“韬光养晦，有所作为”这八个字，一直将其记在心头。

对于一个才华横溢的青年才俊来说，“韬光养晦”可能是没有必要的，但是对于像我这种缺乏核心竞争力，底子薄弱的年轻人来说，“韬光养晦，有所作为”非常必要。我相信像我这样的年轻人一定不少。

我们天资愚笨，又在自身建设上犯了方向性错误，错过了很多人生发展的良机，走了不少的弯路，也落后于同年龄的很多人。以至于当环视四周之时，才发现要努力追赶的地方实在太多，危机感袭上心头，焦虑感丛生。越是落后，我们越要奋起直追，越要默默努力做出一番作为。

二

任何时候不要因为别人的评价而停止了前行，你只有默默努力把自己变成巨人之后，你的锋芒才会隐藏不住，你才会被世人所关注。你的实力不是别人评价出来的，而是你自己填充出来的。所谓韬光养晦、有所作为是希望你能客观看待成长过程中的问题，通过持续不断的学习慢慢壮大自己，当你的体量大到一定程度的时候，不用你招摇，自然会有人大声高呼："喂，大家快看，那个人好厉害！"

有一副很有名的对联，上联写道：有志者，事竟成，破釜沉舟，百二秦关终属楚。下联是：苦心人，天不负，卧薪尝胆，三千越甲可吞吴。下联描写的人物勾践，恰恰就是韬光养晦的典型。在和命运的较量之中，我们带领自己的所有细胞，用尽平生所学，一路砍杀，南征北战，但是还是败于生活的脚下，我们做了房奴、卡奴、钱奴，没有尊严和地位，任现实蹂躏和侮辱，就像勾践匍匐于夫差的脚下一般。

越是苦难的岁月，越是能够锤炼一个人的才干，苦难的价值往往就在于此。如果你二十岁失败了，说明你二十岁前所学不足以打败生活，你还需要加倍努力；如果你三十岁失败了，说明你三十岁前所调动资源还不足以应对一切，你还得努力联合；如果你四十岁还是失败，那说明你四十年所学并没有和运气无缝对接，就像飞驰的雄鹰没有抓住空中的猎物一样，你还需要继续向目标发起新的进攻。如果一直失败下去，那就要一直抗争下去。

一个人努力后不一定会变成勾践那样的英雄，但即使不能成为世人的英雄我们也要坚定地做自己心中的英雄。即使不能做到一枝独秀，也永远不要放弃让自己成为方圆十里的佼佼者。努力再努力，直到世人因为你的实力而注意到你。

三

世界召唤强者，而很多强者都是厚积薄发的人，他们不抗拒失败，即使浑身是伤，也依然十分顽强。随随便便就成功的人基本上不会被载入史册。强者不是哭出来的，强者大都是浴血奋战拼出来的，强者是打出来的。如果我们想要有所作为，就必须克服掉身上苟且偷生的毛病，活出一个积极向上的人生。

读吴晓波写的《吴敬琏传》，经济学家顾准讲过的四个字让我终生铭记：待机守时。顾准生在一个灰暗的年代，因为意识形态的原因，他失去了捍卫自己尊严的权利，和子女失去联系，最后连爱人也见不上最后一面，这样一个命运悲苦的人，即使在生活已经失去了所有希望之后，依然没有选择放弃自己，他继续读书学习，完善学术研究。苦难似乎没完没了，连绵不断，顾准又被查出癌症，但即使在意识到自己时日无多之时，他依然坚信中国的未来一定会辉煌无比，盛世一定会到来。他给吴敬琏的遗言是：即使人生再难也不能放弃，也不能虚度光阴，要好好修炼自己，用最好的状态等待时机的到来，一旦时机到来，就可以大展拳脚，做出一番成绩。

他的这句话我也一直记在心中，相较于顾准所处的年代，现在的时代真的是太好了，舞台很广阔，只要我们肯努力，在挣脱了一些藩篱和约束之后，每个人都会有美好的前程。

一颗不甘于做一辈子庸人的心脏从来不停止它的跳动，只为了冲破黎明前的黑暗。

默默地提升自己，武装自己，如果鲜花和掌声没有如期到来，也不要丧失信心，他们只是迟到了而已，并不影响我们的人生，只要我们的能力在岁月的淬炼中不断提升，我们就不惧怕任何形式的磨难，因为我们心里知道，未来只会越来越好，成功只会越来越近。

韬光养晦，有所作为，我们终将会等到鲜花绽放的那一天，我们终究会站上人生的山巅，那里彩旗飘飘，艳阳高照。

这世界没有什么了不起

一

有士气的军队才能打胜仗，有士气的人才能战胜人生道路上的各种困难。

2008 年我刚步入销售行业的时候，不知道怎么开展工作，总感觉像走在稀松的烂泥地上，双脚没有什么抓力，对拜访客户产生了恐惧心理。于是一方面虚心向老同事请教，一方面买了这方面的书籍，认真研究。读卡耐基的书，对于“如何克服面对客户的恐惧心理”，戴尔·卡耐基给出了答案：你可以在心里想象这位客户欠了你八百块钱，这样你的恐惧就会减轻很多。

后来在工作中实践了，发现确实很有效果，那些曾经见面的时候连话都无法和其讲完整的客户，自从想象他欠了我八百元钱之后，彼此的距离一下子不那么遥远了，谈业务也顺畅了很多。

后来我思考了一下原因：之前之所以对工作发怵，是因为缺乏经验，不知道如何和客户沟通，而在内心里又不切实际地将客户的地位抬升到一个很高的高度，面对一个高高在上的交谈者，内心的压力可想而知，于是给自己设定了很多的限制，比如一定要做到万无一失，谨言慎行等，可是越是给自己这么多的思想压力，越是无法自如地放开手脚。就像那个时刻思考自己先迈左脚，还是先迈右脚的走路者最后不知道该怎么走路了一样，我也一下子不知道该怎么说话了，连手脚摆放的位置都觉得十分尴尬。于是更加紧张，出丑不断。而想象对方欠了自己八百元钱之后，将彼此的身份拉到了平等的角度，“这个客户没有什么了不起的。”不再有什么地位差距，脑袋里不再有那么多的思想羁绊，于是放松自如。

很多时候，我们的窘迫都是类似的历程，过分地将别人拔高，或者过分地将自己贬低，都会打破交际平衡，让我们失去正常的交际能力。人，还是得自信地去认识这个世界，才能在实际行动中保持平和的心态，走出不变形的人生轨迹。

二

曾经有一段时间压力很大，感觉生存是一件极其艰巨的工作，每走一步都是步履维艰，看着书本上那么多的成功人士，总弄不明白为什么他们的成功来得那么顺其自然。

失败几次后，我开始给自己贴标签，认为自己不是那块料，身上太多的缺陷限制了我的个人发展，余后人生终将毫无建树。

我们经常读到的心灵鸡汤也会告诉我们，成功者有很多优秀特质，比如爱学习，不愿意放弃，自律，早睡早起等。失败者有很多缺点，如不爱进步，不珍惜时间，做事情拖延，遇到失败会自我否定等。但是，真实的现实并不是这样，不珍惜时间，做事情拖延也会出现在很多成功者的身上，爱学习，早睡早起的人也经常失败。跟着心灵鸡汤贴标签，很容易让我们得出错误的人生总结。其实，我们每一个人的身上都有一大堆缺点，任何一个人都是不完美的，很多人之所以不成功不是因为缺点太多，而是优点或者能力根本不够突出。很多成功者讲述自己如何成功的时候，其故事或者道理大都是被加工过的，是失真的。费尔巴哈说过一句名言：不是上帝创造了人类，而是人类创造了上帝。同样的：不是成功的经验导致了成功人士的成功，而是他们成功后总结出了所谓的成功经验。读成功者的故事最大的且唯一的用处，就是让你了解一个人成功的过程，从而树立正确的发展观，该坚持的时候一定不能被失败打倒，该进取的时候一定不能放弃拼搏，仅此而已。

我经常思考历史上的一些人，为什么会在日后的历史舞台取得那么大的成就？比如朱元璋，一个乞丐，没有读过军事院校，却统帅三军，最后得了天下。为什么？是他们缺点少吗？肯定不是。朱元璋的身上有一千个理由让他成不了大事，但是，只要他找到了自己最大的优势，将其发扬光大，一样可以做出丰功伟绩。

每个人都有无限潜力，都能成就一番事业，所以千万不要把所有的目光盯在自己的不足之上，那样只会让你失去向命运抗争的勇气。你无须面面俱到，只需把你最擅长的本领发挥到极致就可以。你要时刻告诉自己：我的潜力无穷大，只是暂时没有出现而已。

三

降低世界在你心中的存在感，以及分量感，是你继续征战未来的最佳选择。《孙子兵法》中对一个优秀将帅的定义有五点：智慧，信义，仁慈，勇敢，严格。而在我看来，一个人若想有发展，勇气是前期最重要的一道门。如果你是一个有勇气的人，精神顽强，那么终究有一天会做出一番作为。

你得经常告诉自己：这个世界没有什么了不起。这并不是要求我们盲目自大，而是要让我们对前行的自己保持合理的自信。失败无法避免，但是相比于一个自卑的人，一个自信的人失败的概率会少很多。

长时间在销售行业浸泡，深刻理解换位思考的重要性。站在客户的角度来看，一个自信但是专业性不是那么强的销售人员，和一个唯唯诺诺，空有一肚子货的销售人员，很显然自信的那一位更容易取得成功。同样的，站在一个女生的角度，一个侃侃而谈的男生，显然比一个缩头缩脑的男生更能得到青睐。

所以，每次拜访客户前，我问自己：假如我是客户，我今天想见到一个什么样的人？然后我得到的答案都是：一个有勇气的人。

这个世界没有什么了不起，只要努力就可以驯化它，让它变成我们希望看到的样子。我们的潜力给予我们无限的舞台，我们要的只是时间，因为压轴大戏总是需要缓慢登场，我们终究会站在舞台的最中央。

霉运是熬没的

一

奋斗是旷日持久的过程，会遇到形形色色的困难。苦难让我们成长，也会让我们痛苦，有的时候痛苦并非来自成长本身，还来自生存环境中许多的不确定。

刚认识的魏山的时候，他正生着病，具体啥病不知道，就知道他整天去医院，开环氧沙星这种药，还搞得药品十分稀缺的样子，仿佛买不到这种药，他随时都有可能死掉。我问马孟："魏山怎么了？"马孟不咸不淡地回道："他尿道炎，需要抗炎。"

我继续追问："尿道怎么了？"

"玩双杠的时候从双杠上摔下来，膀胱摔坏了，尿道发炎了。具体不太清楚，也有可能是前列腺炎吧。"

2004 年，我记不起来鼓楼的上空雾霾何时笼罩了这座古老的城市；也想不起来扬子江畔蒸笼一般的气温维持了多久；更回忆不起来孝陵卫的落叶何时被风吹起，又何时落下；还忘记了南京火车站的绿皮火车是在第几场雪后带我回到了温暖的家乡。但是我清晰地记得，在2004年4月份我认识了魏山。

那个时候他一副很阳光的样子，瘦瘦的，样子还蛮帅的。他喜欢踢足球，经常把球踢飞，然后扯着嗓子对着路过的美女喊道："喂，美女，帮忙把球传过来。我叫魏山，计算机信息2班的，我还单身，右手孔武有力。"

曾经无忧无虑的少年，青春回忆中只有奔跑和足球，还有那久治不愈，连绵不断的尿道炎。

二

印象中，魏山是一个不太善于经商的人，因为他总是把自己弄得热血沸腾，但赔得一清二白。

有一个故事让我记忆深刻。那是一个南京的夏天，我和魏山、马孟去南京新街口玩，魏山想买一个手机，那年诺基亚和摩托罗拉非常流行，但是这两款手机太贵了。转了好几个商场，囊中羞涩的魏山还是没有出手。在宏图三胞的楼底下，他被一个斯文小伙拦住了。斯文小伙戴着一副饱读诗书的眼镜，眼睛里也闪烁着老实人的真诚。

他低声对魏山说道："同学，我这有一款二手手机，你要不要？"

魏山问道："啥手机，给俺瞅瞅呢。"

小伙子掏出手机，是个九成新的诺基亚，还是最高端配置的那种，不过看小伙子那左顾右盼的神态，我们猜出来八九成——手机是这小子偷来的。

"看中的话价格随你开。"小伙子鬼鬼祟祟地说道。我分明看到魏山和马孟都是一副贪恋的神色，仿佛捡到了金元宝一般，我想如果不是魏山一直紧紧地把手机握在手里的话，这俩人会为了手机购买权而打起来。

魏山检查了一遍后，很快开口了："你说吧，多少钱你卖呢？"

"这手机新的四千多，这样吧，你给我一千二你拿走。"斯文小伙回道。

"没有那么多，我手头只有八百元。"魏山还价，十分讲究。

"你朋友也在。"那人指了指马孟，"要不你给他凑一下，一千元好了，我也有风险，这附近便衣多。"

魏山交钱后，小伙子赶紧把手机交到他的手上，故作紧张地说道："哥，你拿着手机赶紧跑，我好像看到那个丢手机的人走过来了。"

魏山接过手机跑了起来，等我再一转身找他们的时候，都不知道他俩跑哪里去了。那天我一顿好找，一番折腾后，终于在新街口公园的法国梧桐下找到了他们。我愤怒地朝他们喊道："新街口就那么大一块地，你们来来回回跑了七八趟，我跟在你们后面鞋子都快磨冒烟了，你俩到底搞啥大工程呢？"

马孟忧伤地回道："唉，魏山被骗了，他花了一千块买了个模型机。那小子给我们看的是真手机，交货的却是模型机，他根本不是小偷，是个骗子。”

再看魏山手中那个模型机，一按开关还能歌唱：“今天是个好日子，心想的事儿都能成。”魏山被赤裸裸地欺骗了，他很伤心。因为贪小便宜魏山吃了大亏，那是2005年。这件小事足以说明，魏山并不具备雄才大略。

三

除了踢球比较厉害之外，魏山还很善于搞人际关系，大学期间他就和校内的学生会主席、足球队长等人建立了良好的私人关系。魏山是一个很早就有社会意识的人，在这一点上我远远不如他。

人总有自己的长处，也有自己的短处，很多人善于利用自己的长处创造成绩，同时规避自己的短处少犯错误。不长记性的人总是试图在短处上超越别人，而对自己的长处不善以利用，造成了不少人生悲剧。

魏山是我身边继马孟之后，第二个脱离单身的人，所以你去看我们大学期间的合影，魏山和马孟都是有女朋友的。魏山的女朋友叫周成红，比魏山大两岁，属狗的，他们是姐弟恋，是在火车上认识的，周成红长着一副很好看的五官，性格很稳重，她的身高并不高，相比于魏山近一米八的个子来说，周成红显得娇小了一些。

周成红是淮安人，和魏山相恋的时候在徐州读书，毕业后来到了南京，在一家培训机构做了英语老师。她先是跟着魏山在浦口租房子住，到了 2012 年我来南京的时候，他们已经搬到了市区，住在一家学校的后勤院内。

那是一个单居室的瓦房，在一个很不起眼的角落。屋子不大，设施也很简陋，有点像小学班级改造成的宿舍，床是那种钢筋的双人床。房间没有隔断，被衣柜简简单单地分成了两个房间。魏山已经有了孩子，一家三口就住在这简陋的房子中。

周成红是家中老大，有好几个妹妹。魏山多次跟我说过 ：“唉，她那几个妹夫都混得挺好的，每年过年在老丈人家我都抬不起头，丢人啊。”他发誓一定要翻身，扬眉吐气。可惜的是，魏山没有那么好的运气，直到 2016 年他还是贫穷，他的头还是没有抬起来。

2015 年我去南京，魏山单独和我喝酒，酒过三巡，我们又聊起了各自对未来的打算。那天他喝得面红耳赤，苦笑着对我说 ：“来利，你知道我心里有个痛吗？周成红，以前很喜欢穿裙子，可自从生了孩子之后她就不敢穿了。她肚子这边有一条这么长的疤。”魏山比画给我看，“有十几厘米……她生孩子的时候，我没有钱，带她去了小医院。手术技术不到位，刀口切得又长又大，护士处理得也不好，发了炎，后来几次小手术才弄好，结果就留下了这条疤。又黑又长，刮风下雨还疼……唉，一个女人跟了我，图了个啥，冒死帮我生了个儿子，不光没享福，却得到这个下场。”魏山说着居然流下了泪水。

“现在我每次想到周成红那条疤，就难受，我真的挺没有用的。”

魏山举起了杯子，这个潦倒的男人除了考虑自己的颜面，更希望家庭成员跟着他能够过上有质量的生活，可惜的是贫穷让他捉襟见肘，丑陋不堪。

我拍了拍他的肩膀，安慰他道：“以后有了钱好好对你媳妇。”

四

岁月的无情，只有那些经历过的人才会知道。当年大学毕业的我们都是豪情万丈，都梦想着要做出一番大事业，成就辉煌人生。可是社会哪是那么好闯荡的，实现理想难之又难，我们都被人生这只猛兽折腾得死去活来。

很多弯路我们一走再走，很多错误我们一犯再犯，但是那都不是我们的初衷，我们没有虚度光阴，也渴望多快好省地实现梦想，让家人和自己都过上幸福的生活。对于小人物来说，梦想也许太遥远，我们只是努力生存，在生存的道路上，我们奋勇争先，从来没有半刻停下脚步。

小人物有局限，看不清很多道理，做不到十全十美，也许一辈子都是平凡，也许要走过很长一段落魄的路。但是我们还是没有放弃做梦，在梦中我们大展宏图，成为一方英雄。也许梦迟迟没有实现，但每个人都有权利做梦，即使在这一代身上我们看不到奇迹出现，也希望下一代能站在我们的肩膀上，看得更高更远。

2016 年魏山继续向生活发起了冲锋，尝试把他丢失的尊严捡起来，人生过得体面一些。可惜的是，这一年他还是不温不火，霉运似乎还是没有停歇，他的头还是没有抬起来。

2017 年魏山加盟洗衣机项目，准备在南京仙林大学城引进这个项目，为大学生洗衣服。做教育那些年他积累了一些大学高层人脉，虽然这些资源没有在过去的人生中为他兑换成现实的福利。魏山去青岛考察了一番后，决定全力以赴，放开手脚去做。因为手头资金有限，他定下的目标仅仅是拿下他的母校南京信息工程学院。

2017 年、2018 年魏山忙了两年，前期的局势还是不明朗，风险很大，但是他没有退缩。那段时间他到处借钱，因为前期投入要三十多万，而这三十多万多久能收回成本，他根本不知道。他办了很多信用卡，也经常电话问朋友短期借款，他在这个项目上越战越勇，就像过河卒子一样没有了回头路，只得拼命向前。而我期待着他不再像 2005 年买手机那样，因为贪图小利而吃了大亏。

五

人生分为三个阶段，二十二岁到二十七岁为战略防御阶段，刚走出校园的学生稚气未脱，生存风险还是很大，生存的道路上会吃很多苦头，跟头不断。二十八岁到三十二岁为战略相持阶段，这个时间段有了一定的社会经验，也有了见识，外界环境的冲击不再那么致命，渐渐地能看到了人生的希望。三十三岁到四十五岁为战略反攻阶段，这个阶段已经积累了足够的能力，面对具体的困难也有了足够的应对能力，敌我较量之中也有了胜算，反观磨难，早已经是强弩之末，这个阶段的人更能做出成绩。

1984 年的魏山已经步入三十三岁，他开始向人生发起反攻了。他的创业终于柳暗花明。

2019 年 7 月，我去江苏省参加学术会议，约魏山喝酒，魏山很开心。那天酒后聊到了他事业的现状，言语之中比过往自信开朗多了。他目前整租了一层办公室，大约一百平方米，租金不菲。

此时的他事业之门已经打开，经过运作，他拿下了南京十几家高校的洗衣独家代理权。魏山说，做第一家的时候心里也没底，心想大约三年收回三十万投入，谁知道才半年多投入就收回来了。他这才意识到这是一个巨大的商机。于是赶紧趁热打铁，陆续开发了十几家高校市场。这年他不光买了车，还在江宁买了一套复式的房子，此时的他意气风发。霉运终于在他的苦熬之下被熬没了。

说到过去一路走来的艰辛，魏山还是有点唏嘘。他说其实每一步都不容易，尤其是第一家招标，实在太艰难，数次都想放弃，那时千疮百孔的他有太多问题，每一个问题都让人灰心丧气。当时那家高校公开招标，投标要求的条件很苛刻，魏山能满足的几乎一个都没有。第一，高校要求投标公司注册资金不低于一千万，魏山找了一个老朋友帮忙，借朋友的公司进行应标。第二，高校要求投标者要有施工现场，魏山又找了朋友公司的现场。第三，高校要求应标公司有近二年的会计报表，他连夜找一个财会的朋友加班制作了一份。

总之在毫无胜算的环境下，魏山凭借着他咬定青山不放松的毅力，颤颤巍巍地走到了终点，应标方一个失误让他拿到了这次胜利。合同签了十年。魏山说，中标后，他长叹了一口气，这扇门的打开几乎耗尽了他所有的精力。

我听完伸出大拇指：你终于开始向人生发起反攻了。你这么多年熬过来，也该转运了。

努力的累积终究会带来命运的改变，此刻的魏山用两年的时候抚平了十几年的平庸。也可以说他打基础打了十年，一旦机会来临，他立刻调动所有资源将自己的人生带上了新的平台，他抓住了改变命运的机会。

吃晚饭后我参观了魏山的办公室，那天，怀了二胎的周成红心情很好，她预计两个月后产子。熬到了春暖花开的她开始谋划如何装修她的新家，她满面笑容，对未来充满期待。而这次，魏山笑着跟我说：“我一定要去南京最好的妇产科医院，这次我不能让我的媳妇再受罪了。”

但行好事，莫问前程

一

你得知道，人间很多的美好其实都是水到渠成，瓜熟蒂落。

孙悟空刚来到这个世界时看一切东西都是新奇的。看到路上行人穿着衣服，自己没有，于是找了件衣服披在身上；听路人说话很好玩，自己只会吱吱呀呀，就跟着路人学起了说话；去店里吃饭，看食客点什么吃的他也照着学点什么；去山上学手艺，看练武者怎么耍把式就跟着学怎么耍把式。于是一个野猴子，慢慢就混成了齐天大圣。

我们一提到孙悟空，总会想到他长生不老，火眼金睛，大闹天宫，连克天兵天将，却忽略了最重要的一点，那就是孙悟空出生的时候和我们常人一样，不会穿衣服，不会说话，不会走路，不会吃饭，不会任何本领。我们的成长过程和孙悟空一样，都是经历着看别人干什么，跟着模仿，跟着学习，最后走出一条自己人生道路的过程。

世人总是看到那些名人成功后风光无比的场面，却忘记了每个人都曾经用战战兢兢、如履薄冰的眼睛怯生生地看着这个陌生的世界，曾经他们也像孙猴子一样举手投足去模仿他认为新奇的动作，用心记忆他认为有营养的本领。

行走在这个世上，我们渴望成功，可是如果我们连穿衣都做不好，走路都没有人形，说话还是野猴子腔，做事情也都是上蹿下跳。试问你去闹哪门子天宫，做哪门子齐天大圣？

人生每一条路其实都是从脚下的一米开始的，走好了第一米，才是第二米，如果第一米都走不好，以后的路说不定就是弯弯曲曲，歪歪扭扭的。

有句话说，但行好事，莫问前程，我觉得很好，不要老是问我的明天在哪里，也不要去刻意地追逐所谓的成功，当你把每一件事情都做出人样了，都做得漂亮了，成功自然会来找你。

二

现实中经常碰到的困惑往往是这样的：我读了那么多的书，可是还是经营不好自己的未来；我兢兢业业工作，踏踏实实奉献，还是无法升职加薪；我起早贪黑做生意，招揽客户，可是还是摆脱不了贫穷的命运。

有的人说学习没有用，小学学过“鹅鹅鹅，曲项向天歌”；中学学过等边三角形、梯形、菱形；高中学过电磁感应，法拉第定律；大学受过系统的高等教育，知道微积分和相对论。但是走上社会后，还是过得艰难，经常被领导骂得狗血淋头。

每一个人都有能力边界点，我们认识自己，认识世界都是在各自能力边界点内进行。有的时候我们发挥出自己最大的水平了，可是因为能力边界线实在太小了，没有足够丰富的知识储备，你理解世界也是狭隘的。

我们得明白一个道理：如果你懂得了和别人一样多的知识，没有额外的本领，那么你永远都不可能在复杂的环境中胜出。你们读同样的书，学同样的本领，背诵床前明月光，搞定三角函数的本领和身边的人差不多，那你不可能有更好的成就。想有不一样的收获，你就得有不一样的额外价值。

做任何事情都和盖房子一样，前期要把大量的时间花在夯实地基上。进步即使无法很快变现，但是，这些不断堆积的知识和经验，却会在关键时候决定我们的命运。

三

我们总是急于知道，未来是不是像我们期待中的那样成功，当困难、挫折、无助袭来的时候，我们也想弄清楚爬过这座难以逾越的苦难大山后，会不会看到一望无垠的大草原，明天是否不再充满严寒。

每个人的成长道路上，最大的困惑其实都是相同的，那就是我今天所做的一切能不能让我明天的命运发生改变，能不能让我的人生取得成功。我们都不希望自己的生命浪费在无用的事情之上，如果可以，每个人都希望自己的成长之路充满确定性，能行我们就全力以赴，不行我们改弦易张，而不是站在做与不做，前行还是转向的十字路口，彷徨迷茫。

世间的一切答案都如迷雾一般，在未来没有到来之前每个人也不知道自己的明天会变成啥样。每个人都在焦虑中颤抖和怀疑，就像赵传那首《我是小小鸟》唱的那样：我怀疑是不是只有我的明天没有变得更好，未来会怎样。究竟有谁会知道，幸福是否只是一种传说，我永远找不到。

有一句诗能很好地诠释“但行好事，莫问前程”这句话——“山，快马加鞭未下鞍，惊回首，离天三尺三。”是啊，快马加鞭前行，未下鞍。总有一天，你一回头，发现离天的距离只有三尺三，此时的你已经处于山巅。

对于我们年轻人来说，好好地提升自己，好好地做好手头该做而没有做的事情，就是最正确的答案。前程是水到渠成的，当你的修为足够好，能力足够强大的时候，美好的前程自然会出现在你的面前。

如果你对前途没有很好的判断，就不要浪费时间去辨什么是非，去设计什么路子，去思考那些没用的套路。埋头好好工作，好好学习，默默地提升自己，当你知识储备到一定境界的时候你自然会像庖丁一样对这个世界的骨骼肌肉一目了然，那时征服世界就像庖丁解牛一样十分轻松了，不用用力思考，答案已经在眼前……

老虎的眼睛

一

光线强的时候老虎的眼睛是黄色的，随着光线变弱，老虎的眼睛会变成绿色，光线越弱，老虎的眼睛越绿，并且发出耀眼的光芒。有了这样的眼睛，环境越是险恶，老虎反而越能表现出超出平常的战斗力。

《老虎的眼睛》这首歌出自电影《洛奇》，这部电影是史泰龙的成名之作，也是他的翻身之作。据说当初史泰龙写好了剧本，找了上百家影视公司，没有一家愿意给他投资。这部不被世人所看好的电影，却在上市后一炮而红，成为经典，也将洛奇这个小人物塑造成了英雄。

《洛奇》讲述的是一个名叫洛奇的不入流的拳击手，主业以帮黑社会收保护费为生，兼职打拳。不过因为没有受过系统训练，他的技术很一般，经常被打得头破血流。洛奇虽然技术很烂，但是他却有一个长处，那就是抗揍。世界拳王阿波罗精心准备了一场和另外一名拳手的世纪之战，却没想到对手㞞了打了退堂鼓。为了不浪费前期宣传投入，并从中再捞一把，阿波罗需要一个不厉害的对手配合他作个秀，他选中了洛奇。可是不明就里的洛奇并不知道这些动机，他把此战视为自己翻身的关键之战，于是积极训练，他独辟蹊径地在冷库中打牛排锻炼拳力。比赛那天，面对世界顶级拳击冠军，明知结局必输无疑的洛奇还是顽强战斗，他数次被拳王击倒，但是每次跌倒他都顽强地站了起来，不断跌倒不断爬起，终于打满了十五个回合，最后一场他多次击倒疲惫了的拳王，仅以一分之差输掉了比赛。

电影插曲《老虎的眼睛》节奏明快，歌词令人热血沸腾：他看见老虎的眼睛露出寒光，面对面战斗正酣。顽强抵抗，要生存就要有杀伤，战斗坚持到最后，勇气和决心尽显荣光。

老虎的眼睛，是一种精神象征，它代表意志如铁，顽强不屈，坚忍不拔的死磕精神。人生就应该在磨难之中寻找生存的价值，顽强的失败反而会赢得世人的尊重，就像洛奇所说的那样：如果我输了那也无所谓，只要我能打满全场，当铃声响起，我还站在场上，我这辈子将第一次明白一件事，我再也不是个蹩脚货。

只要你自己不放弃，你永远都有机会去赢。即使无法成功，也不要去做一个蹩脚货。

面对未来，我们每一个人都应该如此。

二

很多时候，我们怯于向未来发起挑战，是因为害怕失败。就像那个放弃的拳手一样，面对一个那么强大的对手，明知必败无疑的结局，谁会心态坦然？失败最大的破坏就是让人一蹶不振。

普通人害怕失败，觉得失败是灾难，是羞耻。而失败其实并没有那么可怕，诸葛亮曾经说过善败者不亡。意思就是：正确对待失败，并善于从中总结经验教训的人未来一定会成功。

失败就像拳王阿波罗的拳头，揍得我们眼睛睁都睁不开，腿脚都蹒跚无法动弹。值得庆幸的是，抗揍的我们都没有倒下，我们摇摇晃晃着前进，终于听到了终场的铃声。人生的很多次成功，都是在抗揍中产生。

在杭州的一次医疗会议上，一名医疗律师讲述了她早年的失败故事：当年一家医院收治了一个重病患者，患者的病情非常严重，医院组织专家会诊讨论后一致认为即使全力以赴抢救，病人还是没有治愈的可能。但是患者家属还是希望医院用最好的专家，医院派了一名主治医生，一番治疗后，病人还是死掉了。

病人家属觉得医院没有尽力，没有派上最好的专家，于是去法院起诉了该家医院。这名律师接下了这个官司为医院辩护，她准备得很充分，开庭的时候出具了医院很多文件，证明了医院确实已经尽力，是患者病情实在过重，院方没有医疗责任。可是患者家属显然工作做得更充分，他们在手术记录上找到了破绽，因为支持材料上签字的是该科室知名专家李教授（医生伪造了签名），而患者家属坚称该手术并不是李教授做的，而是他科室中的一名主治医师。他们还拿出了关键证据，就是李教授当天的海关出入境记录，事实证明李教授那天并不在国内，医院撒了谎。

结果，这个官司医院败诉了。

那名律师在演讲中说道：从这次官司中我学会了很多，任何时候都不能掉以轻心，因为你的对手根本不会给你机会。

越是强悍的失败，越是能让人成长，也许那个律师之所以后来那么出色，和这次失败也有关系。所以才有句话：你未来如何，得看你和谁一起成长。你水平如何，得看你的对手是谁。

做一个善败的人吧，不要让泪水迷失了双眼，你得坚信所有的失败其实都是你的重生机会，一个引导你走向强大的机会。就像老虎的眼睛一样，越是夜黑，你的脚下越稳，越能在战斗中做得更好。

三

德国军事战略家冯鲁登道夫在《总体战》中有一句很著名的话：“战争以一方失去战斗意志为结束。”他这句话对战争的定义非常精确，当其中一方㞞了准备放弃的时候，战争其实已经结束了。

人生也是如此，当一个人失去战斗意志的时候，他的人生就已经彻底完了。我从 2003 年离开家乡漂泊异乡独立生活，到如今已经十六年了。在这十六年来我见过很多的人和事，形形色色，各不相同，有成功有失败，有唏嘘也有感叹，从那些人身上我总结出来一条无可辩驳的道理：一个人有没有未来，最根本的还是取决于他的战斗意志。只要你的战斗意志不息，你对明天还充满向往，你终究会抓住机会站起来。

你要相信你的身上也有老虎的眼睛，它能让你在恶劣的环境中不至于失去最后的希望。每一名拳击手在上台之前都是忐忑不安，上了台之后对手也会将他打得满脸鲜血，浑身疼痛，但是能怎么样呢，你只得迎着痛苦继续向前。千万不要试图轻易结束战争，你㞞了你就失去了一切。

人生，你相信它，它就是真的。你不相信它，它就是假的。这也是意志为什么这么重要。有意志的人，人生才会有稳定的方向，才会有稳定的轨迹。

后记 我们需要什么样的正能量

如果一个人认真地跟你聊他的梦想，你就默默地听完，支持他，不要提出反对意见。因为这个人来找你之前其实心里早就已经计划好了，他来找你不是跟你商量什么的，他只是来告诉你他的人生计划，并倾诉一番罢了。

这个道理成年人都会懂。所以越是年纪大，我们越少对别人的人生指手画脚。

走过了那么多的路，看过了世间万物，其实很多该懂的道理基本上我们都懂了，不需要什么强硬的科普和填鸭式的心灵鸡汤。我认为，最好的相处模式就是默默地听完一个人的倾诉，理解他的感受，鼓励他坚强地按照他规划好的路径走好余后的每一步，就行了。

我们每个人都有一个共同的特点，那就是指导别人的时候很轻松，轮到自己了却很难做出理智选择，所以有句话叫——医者不自医。比如我就是这样的，2014 年那年，因为感情失败，我陷入了疯魔的状态，做了很多疯癫的事情：酗酒，打架，吵架。其实那个时候我也知道自己很颓废，但是千疮百孔的我心情实在太悲伤，根本控制不了自己，跟我讲什么大道理我都很烦躁，我不想听那些所谓的高高在上的励志。直到看到张嘉佳的那本《从你的全世界路过》，心情才慢慢变得平静起来。那本书最大的价值是让我意识到我的问题并不是独有的，至少张嘉佳的经历跟我很类似，我并不孤独。

说实话，那本书影响我挺大的。后来我知道，张嘉佳婚姻失败后，将所有资产变现，然后带了两百多万一个人跑到了泰国，找了个没有熟人的地方写睡前故事，一直到所有钱都花光了，才回国。

面对失败，我们都会手足无措，都会四处逃亡，很悲伤，会想去一个没有人的地方默默疗伤。我们都是一样的，脆弱且缺乏理智，卑微且找不到方向。所以，从那以后，我慢慢地调整了心态，因为我意识到，成长本来就是伴随着剧痛负重前行，人生的磨难只会随着年龄的增长而不断增多，没有人可以例外。吴晓波也在他的书《将生命浪费在美好的事情上》中写道：大学毕业后的二十年，每一年都比之前艰难。是啊，正是因为艰难所以我们才需要更加顽强。

在这本书里我写了很多的故事，也讲了很多的道理，我希望传达的是一种面对失败不服输的决心，这是一股正能量。失败是个共性问题，他并不针对具体的某一个人，而是所有人，我们要理性地看待它，激励和正能量都是为了让我们在关键路口可以抬头，不放弃继续生活下去的勇气。

失败会让人陷入失去理智的死胡同，而冷静才会让我们发现新的出路。很多人之所以选择把路走死，是因为前方的路都是他不想走的，他放弃了。我不希望给你灌输太多鸡汤，只希望用我失败的人生如镜子一般照亮你的前程——我们都曾有过相似的经历，我理解你，希望你放下内心的伤痛，好好地善待自己。

明天的路还很长，再次希望这本书为你的生命注入正能量，给你带来希望。

一个对自己永不放弃的人，一定会有奇迹发生。

孙来利

2019 年 8 月 12